重庆市出版专项资金资助

小书大传承

中国非物质文化遗产通识读本

绒花

董静 著

重庆出版集团 重庆出版社

图书在版编目(CIP)数据

绒花 / 董静著. —重庆 : 重庆出版社, 2017.8 (2024.1重印)
ISBN 978-7-229-12616-2

Ⅰ.①绒… Ⅱ.①董… Ⅲ.①绒绢—人造花卉—手工艺品—制作 Ⅳ.①TS938.1

中国版本图书馆CIP数据核字(2017)第213119号

绒花
RONGHUA
董静　著

丛书主编:王海霞　徐艺乙
丛书副主编:邰高娣
丛书策划:郭玉洁
责任编辑:郭玉洁　李云伟
文字统筹:杨希之
责任校对:刘小燕
装帧设计:王芳甜

重庆出版集团
重 庆 出 版 社　**出版**

重庆市南岸区南滨路162号1幢　邮政编码:400061　http://www.cqph.com
重庆出版社艺术设计有限公司制版
三河市南阳印刷有限公司印刷
重庆出版集团图书发行有限公司发行
E-MAIL:fxchu@cqph.com　邮购电话:023-61520646
全国新华书店经销

开本:710mm×1000mm　1/16　印张:7.25　字数:120千
2017年8月第1版　2024年1月第2次印刷
ISBN 978-7-229-12616-2
定价:39.00元

如有印装质量问题,请向本集团图书发行有限公司调换:023-61520678

目录 CONTENTS

绒花概说

RONGHUA GAISHUO

第一节　簪花风俗

绒花是中国传统的手工艺品，始于何时已很难考证，但通过对中国簪花风俗历史的考察，绒花作为鲜花替代品的一种，伴随着簪花风俗的兴盛而出现。因此，簪花风俗的出现，对于绒花的起源有着重要意义。早在秦始皇时我国就有了簪花风俗，而据大量出土实物证明，汉代簪花已成习俗。《中华古今注》中说，早在秦始皇时代，妃嫔的头上就已经插有“五色通草苏朵子”，也就是后来的“通草花”，但是只有文字记载而没有实物证据。从汉代开始，簪花习俗在四川地区的东汉墓中有大量出土实物为证。例如，成都扬子山、永丰、天回山汉墓中出土的女俑，她们的头上就插戴着各种各样造型逼真的花朵，形态生动酷似鲜花。

胸花

汉代以后，簪花风气依然非常流行。人们头上所簪的花朵，主要有鲜花和假花两种。鲜花，因四季节令不同而有所区别，从大量的传世画作和塑像等图像文献中可窥（kuī）一斑。例如，山

北京绒花"绒制花篮"

西大同北魏司马金龙墓出土的木版漆画中插戴鲜花的妇女；敦煌莫高窟130窟唐代壁画上的贵妇头上簪有数朵鲜花；唐代著名画家周昉（fǎng）的《簪花仕女图》等也反映了唐代的簪花风气。隋唐时期，流行一种将各种鲜花插之于发髻上作髻（jì）饰的花髻，唐代诗人李白的《宫中行乐词》中说"山花插宝髻"，万楚的诗歌《茱萸（yú）女》中也有"插花向高髻"的相关记载。另外，周昉的《簪花仕女图》中描绘的就是这种花髻。古代，南京女子簪戴鲜花的现象也很普遍，常常将茉莉花作为妆饰，簪在发髻上，日渐形成"簪茉莉"的习俗。《晋书》中有"都人簪柰花"。"柰花"是何种花？嵇（jī）含的《南方草木状》解释为"末利"，《洪迈集》作"末丽"，而《丹铅录》和李时珍《本草纲目》皆认为是"今之茉莉花也"。晋时建康（今南京）即引种南海柰花，明朝南郊花神庙广种茉莉，作为香料、用于制茶或者作女子佩饰。直至清末及民国时期，簪茉莉还是广受南京女子喜爱的一种妆饰。

除戴鲜花外，簪戴假花的现象也很普遍。据《事物纪原》记载，公元3世纪的时候，晋惠帝（259—306）正月赏月，百花未开，于是"令宫人插五色通草花"，意思是说宫女们将染成五颜六色的通草花插在发髻上作为装饰，距今已有1700年的历史。此外，民间又有"以剪花为业，染绢（juàn）为芙蓉，……剪梅若生"，可见绢花在当时已很流行。制作假花的材料也很繁多，主要有金、银、丝、绢、纱、绫（líng）、绒、通草和彩纸等。宋代从事制花业的人员日趋增多，到了南宋已发展到"行"、"市"的阶段。如在《东京梦华录》中的"都城纪胜"里的"诸行”一段中有这样的记载：“市肆谓之行者，因官府科索，而得此名，不以其物大小，但合充用者，皆置为行……如巷之花行，所聚花朵、冠梳、钗环、抹，极其工巧，左所无也。”宋代周密的《武林旧事》中记载，由于当时妇女簪花风气盛行，使得鲜花的价格很高，而假花因其物美价廉、经久耐用、不受时空限制的优点而受到人们的普遍欢迎。根据文献记载，最早制作假花的材料为通草。宋代洪迈的《夷（yí）坚志》中称，很早以前民间就已经有专门制作通草花的艺人。因为假花制作精美，簪在头上足以乱真，所以又被称为“像生花”。假花的造型很多，除了有单枝独朵外，还有将代表春、夏、秋、冬四季的桃、荷、菊、梅花合编为一顶花冠套在头上的情况，民间称其为“一年景”。《东京梦华录》在记载元宵节日风俗时称，“市人卖玉梅、一夜蛾、蜂儿、雪柳”，说的就是当时人们在节日簪花的风俗。宋代周密的《武林旧事》中也称：“元夕节物，妇

北京绒花“芙蓉”

人皆戴珠翠、闹鹅（蛾）、玉梅、雪柳。”闹鹅（蛾），就是用竹篾（miè）、绫绢等制成花朵，再用硬纸剪制成蝴蝶、飞蛾的形状粘于细竹篾上，附缀在花朵周围。将制作好的闹蛾插在发髻之上，走路时花朵随风震动，牵动竹篾使花旁的蝶蛾微微颤动，犹如围绕花朵飞舞，非常动人。

南京绒花“蝴蝶盘桃”

古代妇女也很喜欢簪戴各种金银珠宝等模仿花朵的形状做成的假花。例如珠花，顾名思义，就是用珠子串成的花饰。南朝时江洪的《咏歌姬诗》说“宝镊间珠花，分明靓妆点”，就是对簪戴珠花的歌姬的赞美。元代诗人萨都剌（lá）的《上京九咏》诗言“昨夜内家清宴罢，御罗轻帽插珠花”，也是写的头插珠花的情景。再如金钿（diàn），是用金、银、铜等制成花朵状的饰物。唐代金钿很流行，若再加贴一层翠绿色的鸟羽，则被称为“翠钿”，唐诗中有“金缕翠钿浮动，妆罢小窗圆梦”、“求仙去也，翠钿金篦（bì）尽舍”等描绘翠钿的诗句。此外，新疆吐鲁番阿斯塔那唐墓出土的《弈（yì）棋仕女图》中，也有贵妇簪插翠钿形象的清晰描绘。若在金钿上镶嵌宝石或用宝石制成花片，则称为“宝钿”。唐代戎昱（yù）的诗“宝钿香蛾翡翠裙”，张柬（jiǎn）之诗“艳粉芳脂映宝钿”可以为证。另外，唐代诗人白居易的《长恨歌》、故宫博物馆南薰殿旧藏《历代帝后像》、宋代陈彭年所修的字书《玉篇·金部》中也有关于宝钿的记载。唐代

北京绒鸟

时，重阳节成为民间重要的“三令节”之一，人们簪插茱萸的风俗已很普遍。梁简文帝《茱萸女》诗说：“茱萸生狭斜，结子复御花。遇逢纤手摘，滥得映铅华。杂与鬟（huán）簪插，偶逐鬓钿斜。”除了佩戴茱萸，也插菊花。宋代，还有将彩缯（zēng）剪成茱萸、菊花来佩戴的。

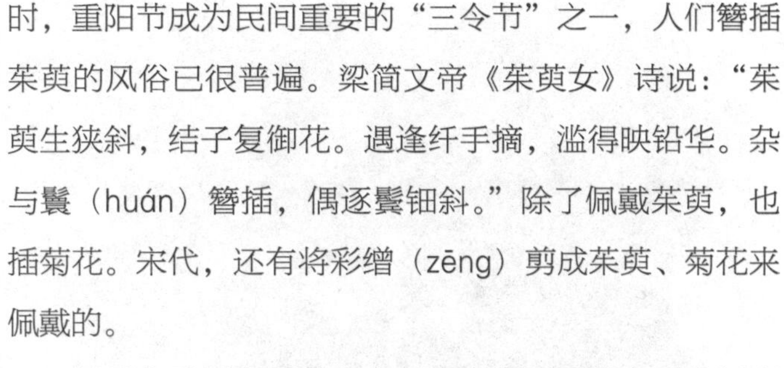

南京绒花“必定高升”

但凡女子都有爱美之心，古今相同。北宋时的妇女非常喜爱戴各种花冠，除戴真花花冠外，还有用各色罗绢或通草为主，搭配金、玉、玳瑁（dài mào）等制成的花冠。唐代时这种花冠已经出现，两宋时期达到鼎盛。北宋时，当时的首都汴梁就有许多专卖花冠的铺子，南宋临安还出现了鋠（shěn）冠及鹿胎冠，百业中已有专修花冠的手艺人这一行当。这些情况在《东京梦华录》、《武林旧事》、《梦粱录》、《都城纪胜》等著述中都有记载。宋代时，妇女流行头上戴牡丹、芍药等鲜花或罗帛制成之“像生花”。宋代王观的《芍药谱》中说：“扬之人于西洛无异，无贵贱皆喜戴花”。苏东坡的《四花相似说》中说“荼蘼花似通草花，桃花似蜡花，海棠花似绢花，罂粟花似纸花”，就是说的当时的人造花和自然花已经难以分别开来。

南京绒花“金鱼”

另据史料记载，宋代男子也有戴花风俗，有的是因为逢年过节为了寓意吉祥而戴花，有的是遇到国家大事群臣与帝王同时戴花的现象。南宋周辉的《清波杂志》卷三中记载：“酒半，折花歌以插之。”讲的就是有关男子饮酒簪花并歌唱的现象。而群臣百官簪花的情形见于《东京梦华录》，“亲从官皆

南京绒花"绒制凤冠"

顶球头大帽，簪花"，"诸禁衙班直，簪花"，"驾登宝津楼，……簪花乘马。前后从驾臣僚，百司仪衙，悉赐花"。入内上寿，"臣僚皆簪花归私第，呵引从人皆簪花"。宋代以后，男子簪花的现象仍然存在。元代张可久《春日简鉴湖诸友》小令："簪花帽，载酒船，急管间繁弦"；白朴《失题》诗："朱颜渐老，白发雕骚，只待强簪花，又恐傍人笑。"这些都是男子簪花的实例。

明末清初，簪花风俗由宫廷流传到民间，巷陌坊间的假花制作工艺更为精美，以苏州地区的"像生花"最受欢迎。清代李渔的《闲情偶寄》中就说，当时苏州地区的手艺人制作的"像生花"，极为精美，与刚刚从树上摘下的鲜花相差无几。由此可见，此地所制假花已达到足以乱真的程度。明清时期，簪花多为女性，男子则很少簪戴。但是，科举考试中选者的簪花风俗则是例外。清人赵翼《陔（gāi）余丛考·簪花》中就有记述："今俗惟妇女簪花，古人则无有不簪花者。……今制殿试传胪（lú）日，一甲三人出东长安门游街，顺天府丞例设宴于东长安门外，簪以金花，盖犹沿古制也。"这里说的就是，清代延续明代的科举制度，在皇帝举行殿试当天，取得进士功名的状元、榜眼、探花三人簪戴金花，在东长安门外游街并接受政府设宴庆祝的情景。明末清初画家陈洪绶所作的《升庵簪花图》，画中题识说："杨升庵先生放滇南时，双髻簪花，数女子持尊，踏歌行道中。”说的是杨慎获罪下狱，流放云南。画中描绘杨慎面涂白粉，头插花枝，一副轻狂的神态。清代，簪花风俗达到鼎盛，无论是大家闺秀、小家碧玉，还是老妪（yù）、孩童，都喜欢在胸前或头上簪戴鲜花或色彩鲜艳的假花。清代初期，制花行业中还出现了专做某种用途花卉的分工，如专做皇宫内所用的头花、盆花；专做胸花，专做丧事用花等。到了清代末年，制花业中还形成了各种流派，制作技艺也愈益高超，达到了可以乱真的程度。解放前夕，还出现了专做出口产品的“洋庄”派。

南京绒花挂饰“绒制花篮”（南通工艺美术研究所）

清代曹寅（yín）在《洞庭诗别集》中也提及通草花，“长安近日多通草，处处真花似假花”，就是对“像生花”的赞美。清净香居主人《都门竹枝词》中也说到鲜花簪头的风俗：“一条白绢颈边围，整朵鲜花钿上垂。”此外，经典文学名著《红楼梦》中，也有多处对簪花风俗的记载。曹雪芹《红楼梦》书中所谓的“宫里作的新鲜样法堆纱花儿”，实际上就是七作二房做的堆丝花，也就是绒花。

事事如意

南京绒花“转盘菊”

绒制动物花篮

绒制动物系列之绒鸡

民国时期，富家女子流行烫发卷花，头戴花钗或在鬓（bìn）边簪一朵绒花。普通人家的女子一般梳长辫，用红头绳扎束，并饰以绒花、鲜花或绢花。汪曾祺曾在其荣获“全国优秀短篇小说奖”的《大淖（nào）记事》中，有这样的描述：“这些‘女将’（指农村的劳动妇女）都生得颀（qí）长俊俏，浓黑的头发上涂了很多梳头油，梳得油光水滑（照当地说法是：苍蝇站上去都会闪了腿）。脑后的发髻都极大。发髻的大红头绳的发根长到二寸，老远就看到通红的一截。她们的发髻的一侧总要插一点什么东西。清明插一个柳球（杨柳的嫩枝，一头拿牙咬着，把柳枝的外皮连同鹅黄的柳叶使劲往下一抹，成一个小小球形)，端午插一丛艾叶，有鲜花时插一朵栀子，一朵夹竹桃，无鲜花时，插一朵大红剪绒花。”李真的《广陵禁烟记》中也有对簪戴绒花的叙述：“城里人家中有红白喜事或是逢年过节，妇女头上兴戴花，就戴这种绒花……用丝绒花儿插在头上，既美观，又能表达意思。比如家中有人做寿，头上就插红寿字绒花；家中有人成婚，便插双喜绒花，还有鹊儿登梅、麻姑上寿、丹凤朝阳、福星高照、招财进宝以及各式花卉翎毛。制作非常精巧，形态十分逼真，花钱也少，可以放置几年不变色。”新中国成立后，由于社会移风易俗，一般不重视妆饰，20 世纪 60、70 年代后，簪花风俗逐渐消失，并逐渐淡出了人们生活的视线。20 世纪 80 年代，随着中国经济的发展，

绒制动物系列之大熊猫

人们重新开始注重装饰打扮，但由于社会风气的改变，簪花现象只是零星存在于边远山区或农村，已无法形成一种风气或习俗传播开来。

绒制动物系列之鹅群

从簪戴鲜花到簪戴绒花，不仅仅是头饰花的发展更替，更是人们对于美的追求观念的变化。簪戴鲜花是人们通过对自然界鲜花的喜爱借以表达喜悦心情和个人魅力，而簪戴绒花则是通过人造的栩栩如生的绒花来表达积极乐观的生活理念和对幸福美好生活的憧憬。

绒制动物系列之绒鸟

第二节 绒花的形成与流传

绒花，是绒制工艺品的统称，又称绒鸟、宫花、喜花。中国传统的绒花是将蚕丝煮熟后染色，用特细的铜丝为心制成不同规格的长绒条，再盘制成各种式样的花朵，供妇女和小孩佩戴的传统民间工艺品。根据《荆楚岁时记》、《魏书》等的记载，绒制工艺品始于晋代或南北朝，晋代顾恺之的《女史箴图》中，仕女头上就簪有人工制作的假花。

绒花在唐代时得到发展，相传早在武则天时，绒花就已经向朝廷进贡。宋代时绒花已成为都市“小经济”的一种。通俗来说，绒花指的是用丝绒制成的假花，它的产生与发展伴随着许多美好的传说。据说，唐代的杨贵妃经常以绒花遮盖鬓边小瑕疵（cī），再加上绒花质地柔软，色彩艳丽，深受宫中妃嫔青睐，大家都争相效仿。由于统治者重农抑商政策的影响，中国历代的传统手工艺的记述在正史中普遍缺失，但是从历代文人诗词和文学典籍中，仍可以觅得蛛丝马迹。唐代元稹（zhěn）的诗词《古行宫》中说：“寥（liáo）落古行宫，宫花寂寞红。白头宫女在，闲坐说玄宗。”诗中描绘了一位白发苍苍的宫女，在凄冷的行宫中无聊地对着宫花，闲说玄宗遗事的画面。文中的“宫花”即为绒花和绢花的总称，因为进入宫中而得名。北宋词人张先描写李师师的词句中也有提及宫花。“文鸳绣履（lǚ），去似风流尘不起。舞彻梁州，头上宫花颤未休。”宫花除了作为宫女的饰物外，还是象征金榜题名的物件，据《辞源》解释，“宫花”指“科举时代考试中选的士子在皇帝赐宴时所戴的花”，就像戏剧中所唱的“中状元着红袍，帽插宫花好新鲜”。

元朝时，宫廷设立专门机构制作宫廷御用品，在明朝时这一机构称为“御用监”。由于这些政府机构实行的是服役制，一定程度上阻碍了传统手工艺的发展和技艺的传承，到了明朝后期逐渐被佣制所代替。明朝时期，伴随着民间作坊的逐渐增多，在官方经营的作坊之外，还出现了一种新的手工业生产方式，即民间作坊按照宫廷要求的式样和提供的原料进行手工艺品的加工制作。清朝政府管理手工艺生产的“造办处”，是与内务府平行的一个机构。由于唐、宋、元、明等朝都有专门机构管理手工艺生产，许多行业的产品都是自上而下在宫廷的提倡、组织下发展壮大起来的。明清时期，簪花习俗的流传促进了绒花生产的发展。清代康熙年间（1662—1722），内务府养心殿造办处下设花儿作，广储司六库下也设花作，专门制作绢花。《燕京岁时记》中也记载了清代妇女的簪花风俗，其中，色彩艳丽、花样别致新颖的绢花最受欢迎。我国新疆吐鲁番阿斯塔那唐代墓葬中出土的绢花实物，保存至今色泽仍很鲜艳，给人以生机勃勃的感受。清朝灭亡以后，宫廷作坊随之解散，手工艺人融入到社会中的各行各业，形成了一支庞大的手工艺生产队伍。20世纪30年代末，河北绢花艺人任德福、王永禄等人先后来到南京，在私人作坊中制作绢花，使北方的绢花技艺传来南京。

北京绒花“绒制花篮”

北京绒花“彼岸花”

南京绒花“龙凤双喜”

清末和民国初年，北京、江苏南京和扬州已成为绒花著名的传统产区。

北京的春节极为热闹，大街小巷卖绒花的摊子更为其增添了一份喜庆气氛。绒花毛茸茸的触感、富丽丰满的造型，给人一种温暖、美好的印象。清末民初，北京崇文门外的花市大街上，专门制作绒花的店铺商号有东胜永、瑞和永、鸿兴德、春华庆等近十家，不仅供本地销售，还远销周边地区。每逢各大庙会，人们在上香拜佛结束的归途中，喜欢在庙会的花摊上买几枝色彩鲜艳的绒花，插在礼帽上，或别在发髻上，充满了浓厚的民间生活气息。

南京绒花"凤冠"

南京绒花"连生贵子"

20世纪30、40年代，南京城内约有制花业户五六十家，其中绒花约40多户、绢花约10多户，主要分布在南京城南门东、门西地区，以马巷、铜作坊、上浮桥等地段最多。其中较为著名的有吴长泉、金拐子、童老二、马拾房及朱氏、杨氏等。吴长泉祖上六代从事绒花行业，是南京著名的绒花艺人。绒花作坊制作绒花所需的蚕丝材料，需要到城南钓鱼台膺府街的丝行进货。但到20世纪40年代末，绒花、绢花行业日渐萧条。新中国成立后，由于国家换汇

南京绒花"万福"

的需要，绒制工艺品的生产逐渐复苏，并由传统的绒花发展为绒鸟、绒兽以及盆景、建筑等100多个新品种，出口日本、欧美等几十个国家和地区。

扬州绒花历史也很悠久，古代扬州由于经济发达、文化繁荣，城乡女子无论年龄大小都以戴花作为美的装

南京绒花“绒制动物花篮”

南京绒花“金鱼头花”

俗，不论年纪，无一例外。过年时节，每家每户都要宴请亲戚姐妹到家中做客，清早时主人会派人送去鲜花或绒、绢花表达邀请的诚意，而被邀请者必须头戴主人赠送的花朵赴宴。这一美好的风俗，无意中揭示出绒花的流传之广泛和影响之深远。

绒花挂饰《彩凤》(南通工艺美术研究所)

喜在眼前

饰。每逢望朔之日、逢年过节、婚庆喜寿，或者会朋友、赶庙会，都有佩戴绒花的习俗。此外，故宫博物院还藏有清代帝、后大婚时所佩戴的各种式样的绒花制品。福建福州的制花业也在咸丰、同治年间（1851—1874）达到鼎盛时期，品种主要有纸花、绢花、绒花、通草花等。

福建泉州一带的妇女有戴绒花的风

绒制动物系列之五彩绒鸡

第三节　绒花的制作与造型分析

绒花的制作材料主要有蚕丝、黄铜丝（宫廷使用白银拉丝）、铅丝，辅助材料有染料、菜籽、松香油、皱纹色纸、皮纸、白乳胶（传统为糯米胶）、料珠（各种颜色）、水晶珠、木炭等。蚕丝一般为缫丝厂的下脚料，分为生丝（又称粗丝）和熟丝（又称细丝）。绒花

绒制动物系列之大公鸡、鸟

根据造型的不同而选用不同质地的材料，生丝坚挺，适合做大型的鸟兽虫鱼等绒花制品，熟丝柔和，适合做各种精细的花朵造型。制作南京绒花所用的原材料——优质蚕丝，纤细柔和，坚挺不倒毛。制作绒花使用的黄铜丝也分为粗丝（ϕ0.5mm）和细丝（ϕ0.2—0.5mm）两种，粗铜丝用于大型绒条、动物身体的造型需要，细铜丝则用于动物尾巴、翘、冠等处的捆扎造型。制作绒花的工具主要有剪刀、镊子、钳子、刷子和木质搓板，辅助性工具有煮绒器具、晾晒器具、烧铜丝器具等。其中，勾条和打尖均使用剪刀，刷子一般用猪鬃毛做成。

绒花传统工艺的发展基本经历了三个历史阶段，即“绕绒花”、“刮绒花”和“滚绒花”。最早意义上的绒花，是先用纸做出各种花型，然后在花型纸面上绕上花绒，这种工艺称为“绕绒花”。第二阶段的绒花制作工艺是在纸面上先裱好花绒，然后将其刮光，再根据需要制成各种式样的花型，因此称为“刮绒花”。刮绒一般多为造花者自制，具体做法是：以草木植物绒草为原料，将此收集、洗净后放入锅中煮沸，待汁

绒制动物系列之孔雀、火鸡

扬州绒花“灵姿活色的绒鸟”

黏稠时倒在铺好的木板上，用纸板、木片刮平晒干。这种绒坯再用纸裱糊，制成各式花朵。从清末开始，绒花工艺发展到第三阶段——滚绒花，这种工艺制作方法一直延续到今天。“滚绒花”，即用两根细铜丝夹住丝绒组成的绒坯，再用剪刀根据工艺制作需要将绒坯剪成条状，用力搓紧成圆柱形绒条棒，然后将型号、色彩不同的绒条棒制作成不同题材内容的绒花、绒鸟、走兽、人物等绒制工艺品。

绒花的制作需要艺人具备精巧娴熟的技艺，主要制作工序为炼丝、染色、晾晒、下料、造型、装配等。（1）炼丝：将购买的整支蚕丝扒松后，放入冷水中浸泡

扬州绒花“绒鸟”

扬州绒花“仙人盆景”

一天，之后用碱水将其煮熟，时间不宜太长，以防煮得过烂。煮熟后的蚕丝称为“熟绒”，具有柔和、坚挺、不易倒毛的特点。黄铜丝要用木炭的文火烧至退火软化。（2）染色：根据要制作的绒花产品的色彩需要进行染色，色丝一般多达几十种色彩。（3）晾晒：将染色后的丝绒套在竹竿上在阳光下晾晒，其间必须经常翻动，并使其保持绷直。（4）勾条：又称“下料”，根据产品制作需要，把各种颜色的熟绒按照一定长度和宽度分劈成绒带，将其排匀后固定在某一器物上，然后用猪鬃毛刷子逐条刷平、刷匀。取一根黄铜丝将其对折，一端捻成少许螺旋状分叉从正面夹住排匀的绒带，再将另一端合并捻成螺旋状，按照所需要的规格用剪刀将熟绒剪断，两手同时反方向捻搓绞紧，再用木质搓板进一步加工成均匀而滚圆的绒条，这道工序就是绒花艺人俗称的“滚绒”。绒条是制作绒花的主体材料，也是制作过程中最基本的部件。（5）烫绒：根据需要将圆形绒条用烙铁或熨斗烫成扁平状，用来制作花朵的叶子，鸟的翅膀、尾巴、羽毛等部件。（6）打尖：根据绒花产品的不同需要，用剪刀对圆形绒条进行修剪加工，使圆柱体状的绒条变成钝角、锐角、半圆、球体、椭圆体等适合形状。（7）传花：用镊子将打尖过的不同色彩、规格的绒条进行造型组合，制成立体形状的鸟兽鱼虫、花卉等。（8）粘花：将独立的绒条和其他配件，如绒鸟的嘴巴、冠、眼睛、尾巴、腿、脚等，配合铅丝、有色皮纸、料珠、水晶珠、菜籽等辅助材料，用白乳胶粘在相应部位上，制作出需要的产品。（9）包装：根据产品的创意设计，需要装配玻璃框、竹篮、鸟窝、花盆等配件的，可以进

喜牛望月

行组装。

作为节令用品的绒花，一年四季伴随着人们的风俗活动，为节日增添吉祥喜庆的气氛。绒花作为传统手工艺，一定程度上反映了当时人们的生活习俗，表达了人们祈求幸福生活的美好愿望和思想感情。婚嫁喜事中的绒花，用于新娘佩戴的有“龙凤喜”、“万年全福（蝙蝠）”、“双喜”、“白头到老”、“榴开见子”等；挂于新娘床上的装饰性绒花，有“龙凤呈祥”、“麒麟送子”、“鹿鹤同春”、“富贵有余”等。端午节戴的绒花，小孩头上戴“五毒”、“老虎”等辟邪题材的绒花，胸前挂“老虎头”，另外还有置于家中案头的“龙舟”摆件。中秋节佩戴的绒花有，“兔子拜月”、“喜牛望月”、“三代（荷花、莲蓬、藕）同庆”、“宝塔”等。春节佩戴的绒花有，“连（莲）年有余（鱼）”、“金玉（鱼）满堂（塘）”、“万年青”、“财神进宝”、“聚宝盆”及各种“吉祥如意花”，品种繁多，常常可以从初一戴到十五不重样。此外，不同年龄的女性所戴的绒花颜色也不尽相同，姑娘、大嫂、老太、孀妇所戴的绒花，图案和色彩都要有所区别。姑娘戴的有“万事如

北京绒花“北京奥运福娃”

北京绒花"绒鸡"

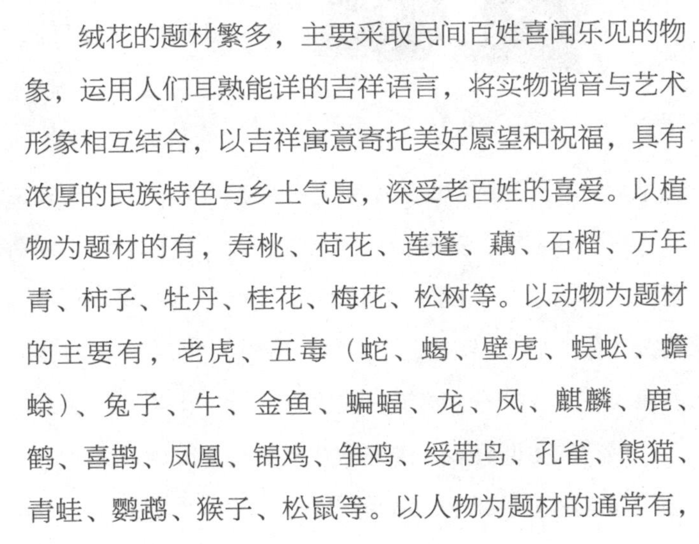

意"、"鲤跃龙门"；大嫂戴的有"万事如意"、"百福（蝙蝠）双全"；老太戴的有"事事如意"、"蝙蝠寿桃"、"福寿双全"；孀妇戴淡黄或白色的绒花。丧事中所戴的绒花有白色或蓝色的。

绒花的题材繁多，主要采取民间百姓喜闻乐见的物象，运用人们耳熟能详的吉祥语言，将实物谐音与艺术形象相互结合，以吉祥寓意寄托美好愿望和祝福，具有浓厚的民族特色与乡土气息，深受老百姓的喜爱。以植物为题材的有，寿桃、荷花、莲蓬、藕、石榴、万年青、柿子、牡丹、桂花、梅花、松树等。以动物为题材的主要有，老虎、五毒（蛇、蝎、壁虎、蜈蚣、蟾蜍）、兔子、牛、金鱼、蝙蝠、龙、凤、麒麟、鹿、鹤、喜鹊、凤凰、锦鸡、雏鸡、绶带鸟、孔雀、熊猫、青蛙、鹦鹉、猴子、松鼠等。以人物为题材的通常有，

聚宝盒

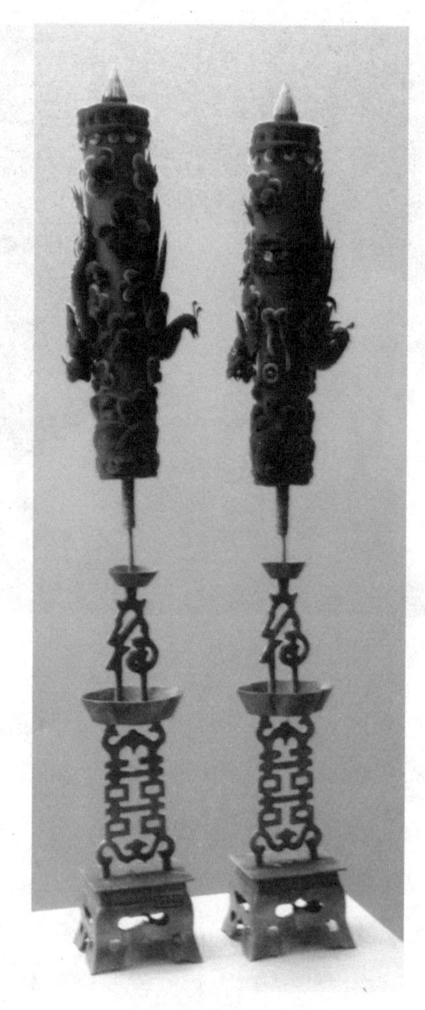

龙凤喜烛

嫦娥奔月、天女散花、麻姑献寿、红楼梦人物（薛宝钗、史湘云、林黛玉、妙玉）、圣诞老人等。而体现日常生活题材的绒花有，龙舟、宝塔、聚宝盆、喜烛、如意、花篮、盆景、建筑、挂件等。

绒花的类型繁多，传统形式主要有鬓头花、胸花、脚花、帽花、罩花、礼花、戏剧花（舞台表演使用）等，采用象征吉祥如意、福禄官寿的龙、凤、蝙蝠、寿桃等传统造型图案。由于此类绒花多用于婚嫁喜事，又称为“喜花”。后来适应时代发展不断创新，题材品种不断增加，使用范围也逐渐扩大，主要有绒制凤冠、花鸟虫鱼、人物走兽、盆景建筑等新类型，多被称为绒制工艺品。但在民间，人们习惯将其和传统类型一并统称为“绒花”。不但有圣诞老人、胖娃娃、孙悟空、武松、嫦娥、麻姑、薛宝钗、林黛玉等人物形象，也有小鸡、小鸭、小鸟、熊猫、孔雀等动物形象。此外，表现生活意趣的绒制品有“松鼠葡萄”、“喜鹊登梅”、“岁寒三友”等，具有观赏性质的绒制挂屏、盆景、古建筑有“松鹤延年”、“绒制花篮”、“龙凤喜烛”、“龙凤呈祥”等。20世纪80年代之后，绒花还作为外销产品为国家换取宝贵的外汇。为适应西方国家的社会生活和节日习俗，绒花题材也进行了创新，如复活节使用的寓意万物复苏的竹篮绒鸟、绒鸡以及各种小动物等；万圣节使用的寓意祛除邪恶的小黑人扫烟囱；圣诞节使用的祝福新年的圣诞老人、小礼物等。绒花以鲜艳的大红、水红、桃红等为主色调，辅以粉红、墨绿、葱绿等色，以黄色、金色点缀，色彩明快而富丽，具有浓厚强烈的民间气息。

作为造型艺术的绒花制品，其类型也随着制作工艺的发展和进步而不断创新，先后出现了四代类型产品。对其进行形式分析，是为了更好地理解和认识绒花工艺的价值。绒花的四代类型产品，是纵向和横向交叉发展且可以并存的。

南京绒花“石榴见子”(明代)

第一种绒花产品类型——“鬓头花”。这种类型仅仅作为一种装饰品用于头戴或胸佩，又被称为“头戴绒花”。“鬓头花”的形式和内容也在不断丰富和发展，绒制“凤冠”作为新娘结婚时的饰物，更具有吉祥祝福的寓意。

第二种绒花产品类型——“绒鸟”。“绒鸟”的造型形式有所突破，一改平贴形式的鬓头花的单一模式，而将花鸟虫鱼、人物形象以立体形式表现出来，栩栩如生，极具观赏价值。品种主要有绒鸟、绒鸡、绒猴以及绒制熊猫、孔雀、人物等。其中，又以绒制小鸟最为活泼逼真且具代表性，因此第二种绒花产品类型被称为

北京绒花之鬓头花“小桃子”

南京绒花之鬓头花“万事如意”

“绒鸟”。

第三种绒花产品类型——“绒制挂屏”。这种绒花类型比前代更具创新精神，绒花艺人根据绒花的制作材料刚柔兼济、造型性强的特点，运用浮雕、半浮雕及粘嵌的工艺制作方法，并吸收中国画的艺术创作风格及审美意境，制成不同题材内容的“绒制挂屏”。这种绒制挂屏作为高档工艺装饰品悬挂于居室及其他公共场所，并且可以长久保存，堪与其他挂屏艺术装饰品相媲美。绒制“龙凤呈祥”挂屏，也极具代表性。

第四种绒花产品类型——“绒制摆件”。绒花产品几经发展，不断推陈出新。“绒制摆件”的创作素材更为广泛，它是以制作绒花的丝绒材料为主，结合其他材料及物象内容制成的用于案头摆设的绒制工艺品。“绒制摆件”的品种很多，有绒制古建筑、盆景、喜烛、花篮等。

南京绒花之鬓头花“寿”

南京绒花之鬓头花“寿”

南京绒花“龙凤喜”

第四节　绒花与绢花、通草花的渊源

绢花、通草花与绒花一样，都属于人造花的一种。绒花的产生与形成，与绢花、通草花有密不可分的关系。

一、绢花

绢花是采用绫绢、绸缎、丝纱等真丝织物为原料，由艺人巧妙构思并且仿照自然鲜花，精心制作而成的人造花卉，品种有瓶花、挂花、盆花、胸花等。绢花色泽鲜艳，宛如真花，后逐步改用复兴纺，故又称纺花。我国绢花的历史悠久，据传隋炀帝为了寻欢作乐，用五彩绫帛制成花朵，在群花凋零的季节，于洛阳西苑楼阁开百花会，这也是关于绢花的最早起源的传说。据古籍记述及出土文物考证，距今1700余年前，公元3世纪左右的魏晋时代已有绢花生产。顾恺之所作的《女史箴图》中，女子头上戴的即是绢花。唐代画家周昉的《簪花仕女图》，就非常形象地表现了当时的贵族妇女簪花戴彩的场景。1972年，新疆吐鲁番阿斯塔那唐墓中曾出土过一枝高32厘米的绢花。花枝主干用树枝充当，叶、茎用细竹丝插入构成，花瓣、花叶用绢、纸，花柱头用纸团，花蕊用丝线、棕丝等，色彩艳丽，虽在地下埋藏了

1000多年，仍然保存完好。

绢花的制作工序颇为复杂，小的工序不谈，大的工序有六道：1.上浆。将各种绸料用淀粉浆一次，使其挺爽，做出的绢花瓣有挺力，并可解决上色鲜艳等问题。2.下料。按行业话叫"凿瓣"，就是把浆好的料裁成一定规格，订成16、24、48等层，用刀具（凿子）以冲床进行冲压。3.染色。用六种基本染料，经过互相调配，染出丰富多彩的上千种色样。在色样里，有的很小的一张花瓣，从深到浅需要反复染三次，有的是边浅中深，有的是边深中浅，还有的中间有一道筋纹。由浅到深，深浅相宜。原来绢花的色彩以单色为主，之后发展成深浅不同的多色和套色为主。4.握瓣。即花瓣成型，分热成型和冷成型。热成型是采用模具加热再给一定的压力，这样花瓣筋纹清晰，但易出现死褶；冷成型是借助各种不同形状的握锤，湿平花瓣，全凭手工操作，之后干燥定型，这样的花瓣丰满、逼真，但花瓣筋纹不清晰。因此往往需要将热、冷两种定型方法结合起来。5.粘花。将已定型的花瓣分成心瓣、外瓣等粘成一朵朵绢花，或蓓蕾，或花朵。有的花朵需要几十种花瓣粘贴而成。6.组枝。将做好的花朵、花萼、花叶，按照生产规格或设计式样，进行组合，使之成为某种花枝。绢花生产在我国的分布很广，除了北京绢花外，我国著名的绢花还有生动逼真、色泽明快的天津绢花；造型美观、花脉清晰的沈阳绢花；线条柔和、真美兼备的上海绢花；以及

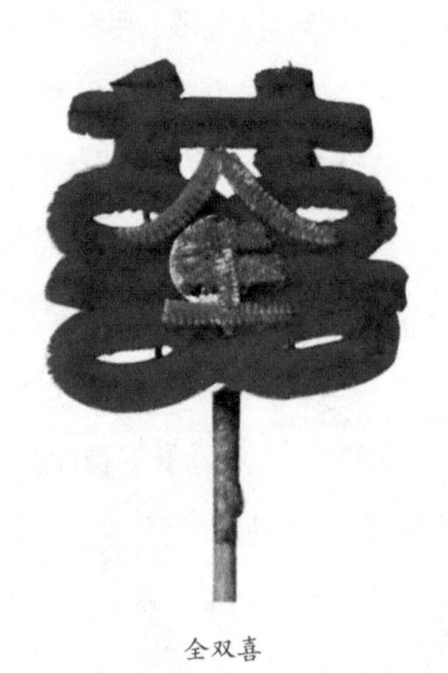

全双喜

以盆景为主的千姿百态、精巧细致的福州绢花。绢花品种有凤凰、梅花、杏花、牡丹、西番莲、小喜花、双星、小五星等100多种。

北京绢花，又叫“京花儿”，大约始于公元13世纪中叶元代定都北京之后，约有600余年历史，为北京传统民间工艺品。北京绢花是采用绫绢、绸缎、丝纱等真丝为原料制作的人造花卉，做工细腻，款式优美，色泽鲜艳。北京绢花最初创始时生产规模不大，至明末清初逐渐兴旺，尤其到了清代中期，绢花业进入鼎盛繁荣时期。当时北京妇女以戴绢花为时尚，寓意着喜庆与吉祥。山东、河南、陕西、东北等地的妇女，也以戴绢花为习俗，使得绢花的用量大增，促进绢花业的迅速发展。清代时，崇文门外的花市大街，是当时北京绢花生产和销售的集中地，每月逢四有市，极兴盛一时，但以头花为主，其他如枚花、胸花、光荣花、盆景等均为新中国成立后增添的新品。北京绢花，历来以做工细腻、色泽鲜艳、形象逼真著名。制花艺人自豪地说：“有什么样的鲜花，就有什么样的‘京花’。”当时著名的北京绢花艺人有金玉林、张金成和苏宝章，其中金玉林祖传四代制作绢花，“花儿金”是金桂、金文广、金宝顺、金玉林祖孙四代的统称。金玉林自4岁起便随父亲学艺，至“文革”时逝世，一直从事假花制作。他擅长做盆花，单菊花就能做90多种。张金成的“月季”、“玫瑰”也素负盛名，制作精巧，花型各异，“悬崖菊”吸收国画章法的优点，由高向下伸展，吐出朵朵金黄色的花朵，令人喜爱不已。清代著名的民间艺人刘享元，人称“花儿刘”，他制作的北京绢花，曾在巴拿马万国博

台湾缠花1

览会上得过奖。“花儿龚”，是指祥瑞花庄铺掌龚环。清末时，龚环和龚福在繁华的东安市场开设祥瑞花庄，他专以高档绸缎、丝绒为原料，以追真仿鲜为宗旨。他做的牡丹雍容富丽，花蕊用桃红、深粉，瓣用浅黄、浅粉套染，从牙色渐次过渡到紫色的根部。色泽晶莹清丽，瓣叶曲卷自然，柔静多姿，却有国色之神韵。民国年间，河北保定、武清等地绢花艺人常国顺和王永馨、诸葛华亭、李茂斋等来扬州卖花，并开设义顺号、恒元义等作坊和荣信和、荣茂盛专业花店。从此，北京的绢花生产逐步在扬州发展起来，并最终取代了扬州传统的绢蜡花。“文化大革命”期间，头戴花停止生产，转产瓶花、光荣花等。20世纪70年代以来，北京绢花除了内销，还出口到欧、美等80余个国家和地区，年出口量达2000万枝以上。北京绢花为了适应国际市场的需求，在绢花的色彩、造型上进行了大胆创新，向实用美术方面发展，创制了戏剧花、胸花、帽花、把花、装饰瓶花、生日蜡烛花、宴席酒杯花、礼品友谊花、结婚礼服花以及防火的烛台花环、纸拉花和防水的绢花等200多个类型和品种。戏剧花是梨园伶优、鼓书艺人登台献艺时插戴的耀首之物，也是绢花销售的一大

台湾缠花2

台湾缠花3

宗。各剧团、演出班子一般都到各花庄选购成品，且一些梨园名角都是向专门的作坊定做。花样、品种、颜色、数量自定，待花做好后，作坊派人送到用户家中。这些名人用花量很大，一是自己演出时佩戴，二是可以作为礼品赠送给他人。据花行老人讲，送人的花一般都是本人戴过的。北京绢花在世界最大的花卉市场——荷兰鲜花市场上占有重要位置，与鲜花争芳斗艳，互相媲美。在瑞士，将作新娘的姑娘喜欢用北京绢花装饰新房；在美国，北京绢花也成了商店的热门货。尤其在日本，人们将北京绢花视作幸福的象征，是生日节庆时的必备礼品。北京绢花于1979年获轻工业部优质产品奖，1982年获中国工艺美术品百花奖银杯奖。

北京绢花之所以具备独树一帜的艺术造诣，主要体现在如下三个方面：一是色彩染出“水头”。色彩是绢

台湾缠花4

台湾缠花5

扬州绢花

花的关键，它要求不但鲜艳，而且要润泽、谐调，给人以明快之感。最重要的一条是要染出“水头”来，也就是要仿真花的色彩，鲜艳光润，显出“水头”。绢花的色彩不能自来发旧，而要保持光泽悦目。二是做工精细考究。绢花曾是皇宫内苑的御用品，所以做工要求极高。好的绢花不但远看像花，近看更像花，这就要求花叶的筋纹，花瓣的筋纹，花瓣的翻转圆活，花托的形态，花杆的关节，直至有的花蕾上的茸毛，都要给以表现，使人感到一枝花是个整体，结构严谨，栩栩如生。三是仿真与艺术的统一。绢花是工艺品，它既要仿真，又要作一些艺术处理。北京绢花在造型上注意吸取了国画中画花卉的一些表现手法，使牡丹、芍药仪态端庄，富丽堂皇；梅、兰、荷、菊英姿挺秀，优美动人；各种野花则千姿百态，含露欲滴。

上海的绢花也已经有近百年的历史，品种繁多，主要有头花、胸花、结婚礼服花、装饰瓶花、插花、厅堂陈设的盆花、生日蜡烛花、戏剧花、光荣花等。上海绢花的制作，分为浆料、凿瓣、染色、握瓣、粘花朵、攒枝等6道工序。浆料就是将柔软的真丝织物通过上浆，使之挺爽；凿瓣如服装的剪裁，即将上浆后的整块料凿成各种花瓣、叶片；染色是将凿成的白色花瓣，按鲜花颜色或色样染色；握瓣使染色后的平花瓣，捏握为翻沿、斗状等自然花瓣形态；粘花朵是将各样成型的花瓣，粘组成花朵、蓓蕾；攒枝是将花、蕾、叶等组成枝花或盆景。此外尚有作花蕊、压叶筋、制尖、圆形、蓓蕾等副工相配套。绢花的题材广泛，有娇艳惹人的月

福建绢花“红梅盆景”

季、雍容华贵的牡丹、喷心盛放的百合花，还有菊花、文竹、玫瑰、苍兰、马蹄莲等，受到国内外消费者的喜爱。其中的“盆景仙人球”，雅淡宜人，尤为日本、香港消费者所喜爱。国际市场上有绸带花、涤纶花、木带花等，但外国人偏爱我国的绢花，公认来自丝绸之国用真丝织品制作的精美绢花，是最高档的工艺花。上海绢花的著名艺人有唐志禧、赵北海等。早在民国初年，北京制作“京花”的技艺即传来上海，曾发达一时，但因以后市场萧条，百业凋零，迄于新中国成立前夕，已呈奄奄一息之势。20世纪50年代始再获新生，但逐渐已将传统家庭手工生产改变为模具化、半机械化、流水作业的生产方式。上海绢花于1979年获轻工业部优质产品奖，除了内销外，还出口美国、德国、意大利、澳大利亚、香港等40余个国家和地区。

沈阳绢花是在新中国成立后的1958年才发展起来

的。花色品种最多时有800多种，产品行销国内外。20世纪70年代，沈阳绢花不断创新，设计人员从日常生活和大自然中寻求灵感，创作了串花、山花、碎花、韭菜花、悬崖花、蒲棒草、柳树狗等900多个新品种，2000多个花色。在色彩的运用上，沈阳绢花也不拘一格，除了使用传统的红、绿、粉红等色彩外，还使用豆沙、浅绿、高粱红、棕色等调和色和国外的流行色，形成素雅、大方的艺术效果。

二、通草花

通草花也是人造花的一种，是以中药材通草为原料制成的各色花卉工艺品。通草，又称通脱木，属五加科灌木植物，株高1—3.5米，产于我国南方各地。通草茎中的髓芯呈圆柱形，质地松软，纹理细致，绵薄多孔，颜色洁白，晶莹光泽，易于吸色。通草的处理是将采集来的通草的茎髓截成数段，理直晒干，然后切成薄纸状。制作通草花时，先将通草片剪裁成所需形状，然后利用其质细洁白、柔软绵薄且有光泽和可塑性的特点，通过造型、着色、粘结及装配等过程，并搭配宣纸、毛边纸、皮纸、油彩色和铁丝等加工成各种花卉，颜色鲜艳，形象逼真，誉为“不谢之花”。通草花的色彩一般为先着色后作花，并根据真花颜色，加以染、喷、点色。

扬州通草花是扬州绒花的姐妹花，创始于清初，已有300多年历史。扬州通草花的制作历史悠久，品种主要有头戴花、挂屏和盆景三种，题材涉及菊花、牡丹、月季、山茶、杜鹃、兰花、梅花、腊梅、松柏、红枫、青竹等数十种。头戴花插在头上和衣襟，为农村妇女所喜爱，而挂屏和盆景，则以欣赏功能为主。通草花作坊花店，民国年间有20余家，从业人员100人左右。至解

扬州通草花“菊花盆景”

放前夕，生产通草花的有万寿寺街的杨炳南、徐长亭、杨明兰、冯德才和北柳巷的董二、董三等六七家，从业人员15人。

1954年，扬州著名通草花艺人钱宏才突破传统头戴花的局限，首创了通草菊花盆景，制作“胭脂上翠”、“盛世之裔”两盆通草菊花，形态生动，宛然如生，在扬州市博物馆举办的菊花展览会上和瘦西湖物资交流大会上公开展览，受到了各方好评。通草花艺人钱宏才用通草制作的大盆菊花，品种纷繁，惟妙惟肖，真假难分，叶片反侧和残破、虫蛀之处做得惟妙惟肖，人人见之都认作真菊无疑，一经道破，才讶然不止。这两盆菊花，以后又和袁兆江的绒花在江苏省美协和中国美术家协会于南京、北京举办的民间美术工艺品展览会上展出。除菊花外，还有牡丹、月季、山茶、春梅、兰花、红枫、松柏、黄芽等，色彩自然，巧夺天工，他的通草菊与扬州女画家吴砚耕的画菊和扬州剪纸艺人张永寿的剪纸菊花，一起誉为“扬州三菊”。此后，他创作的“凌霄”、“梅花”、“杜鹃”等参加全国工艺美术展览和广州出口商品交易会，制作的通草花均受到人们的赞誉，其作品还曾被陈列于北京人民大会堂江苏厅。1958年4月，王以仁、钱宏才设计制作绒、绢、通草三结合的《和平颂》挂屏，选送苏联莫斯科展出。1959、1962年，扬州通草盆景、菊花等10余种作品送北京人民大会堂装饰陈列。1966年，通草挂屏《江山如此多娇》在北京中苏友好大厦展出。1972年，由著名画家吴砚耕设计，钱宏才、戴春富共同制作的通草挂屏《不似春光胜似春光》参加了第一届全国工艺美术品展览。1978年，通草地屏《梅兰松菊》参加了第三届全国工艺美术品展览。1979年钱宏才为广州出口商品交易会工艺品馆入口处创制的“紫藤花架”，高2米、宽4米，受到人们热烈赞扬。1988年后通草花逐步停止生产。扬州通草花产品主要销往北京、上海、南京等大城市，并曾经出口美国、日本、东南亚及香港等国家与地区。

泉州通草花，产于福建泉州市，是以通草片为原料制作的人造花卉，产品造型逼真，色彩瑰丽，意态生动，工艺精致。新中国成立前，通草主要取自台湾省所产的为原料，20世纪50年代开始采用贵州、四川所产的代之。通草的茎内有白色囊髓，以利刃卷切成薄片，轻白如纸，厚薄均匀。通草片经过染色后，色彩层次渗透均匀，再经压模成花瓣，可以制成各种花朵，颇有质感，就像真花一样漂亮。此外，还可以搭配枝叶，制成成株的花卉，并经雕塑工艺制成昆虫、山石，与通草花组成盆景，意趣盎然。20世纪30、40年代，著名通草花艺人陈德良（1915—1960）随父在泉州花巷开设通草花店。他技艺精湛，善于观察花朵，蓓蕾、一枝一叶的形态自然，而且对于整株结构的分枝布叶、花朵安排，均讲究疏密聚散、章法布局。陈德良尤为精于染色、制模，最擅长创作水仙、玫瑰、菊花，被誉为制花神手。20世纪50年代建厂后，陈德良致力于培养传承人，积极传授技艺。他的弟子多人皆崭露头角，荣获嘉奖。

扬州纸花“松竹梅”

绒花历史

RONGHUA LISHI

第一节　北京绒花

北京绒花，是以桑蚕丝绒为原料，以紫铜丝做骨架，纯手工制作而成的各种头饰以及动、植物形象的绒制工艺品，由于最早多见于民间的头饰小绒花而得名。北京绒鸟制作始于清初，源于江苏扬州，后来逐渐形成独特的艺术风格，已有300多年的历史。后来，丝绒工艺品的种类不断扩展，造型题材以鸟禽为主，所以又俗称“绒鸟”。清代时，北京绒花的生产就已经很兴盛，《旧京文物略》记载：“彼时旗汉妇女戴花成为风习，其中尤以梳旗头的妇女最喜欢彩色鲜艳、花样新奇的人造花。”现在的北京故宫博物院中还珍藏有帝、后们在婚礼大典时佩戴的各种绒花。绒花色彩鲜艳夺目，因其作为朝廷贡品进入宫中而又被称为“宫花”。这些绒花多取材于“吉庆有余”、“龙凤呈祥”等吉祥图案，再加上“绒花”与“荣华”谐音，佩戴绒花寓意荣华富贵，所以当时佩戴绒花的人尤其多。清代北京位于天子脚下，王宫官邸林立，簪花风俗也从宫中传到民间，从此，妇女们佩戴绒花十分流行。北京绒花造型多样，色彩鲜艳，纹路清晰，做工精细，工艺复杂，富于装饰趣味，主要品种有头饰绒花、绒鸟绒兽、节日饰品和绒制凤冠等。

全福

北京绒花，从蚕丝制绒至完成成品，需要经过十几道甚至三十几道工序，主要工序包括：煮丝、着色、砰丝、批丝、熏活、拴拍、剪撮、刀绒、刹形、熨烫、组装等多个复杂的工艺过程。生丝原料通过炼染分为10余个主色与配色，并可根据制作需要选择添加。北京绒花制品的用色有独到之处，一件绒制品一般用七八种颜色，多者可达十四五种，有套色（国画皴染）、俏色（对比色）、撒花（两三色混合）等处理方法；以传统装饰色彩为主，有时亦注意冷、暖色调的使用。北京绒花的具体制作，是先将丝绒按需要的规格、颜色纵向铺开；另以双股细铜丝按产品的粗细程度，横向夹持丝绒于其间，一般要布置铜丝一二百根，精细产品则布置三四百根，铜丝的间隔视产品情况而异。此种丝绒与铜丝按经纬形成的平面称拍子，此项操作则称拴拍子。然后，取大剪子沿铜丝间隙将丝绒逐条剪断，该工序务须操作娴熟准确，否则将使剪好的绒段与铜丝相脱落。拍子剪好后，将铜丝对搓，丝绒即被卷覆铜丝表面，形成绒条；再经疏通、体裁、剪刹、围卷、缠扎、粘接，制成不同形象的头饰花纹以及鸟、兽、鱼、虫等，绒花成品也就完成了。

北京绒花“猴子偷桃”

清末民初，当时在花市大街制售绒花的花铺就有东胜永、瑞和永、鸿兴德、春华庆等10余家。旧时的端午节，北京的妇女们还有戴小绒老虎的习俗。人们认为老虎是兽中之王，可以降“五毒”，便有了“虎镇五毒”的说法。绒花艺人用染黄的丝绒线制成小虎，虎口衔“五毒”之一，造型栩栩如生。妇女们买来簪于发髻，作为节日装饰。《帝京岁时纪胜》载：“幼女剪彩叠福，用软帛缉缝老健人、角黍、蒜头、五毒老虎等式，抽作大红朱雄葫芦，小儿佩之，宜夏避恶。”这里说的就是在端午节时，制作小人形、粽子、蒜头、五毒老虎等形制的小香囊给小孩子佩戴，以在夏季辟邪驱瘟。新中国成立前，绒花的销路主要是逛庙会的人群。那时白塔寺、护国寺、隆福寺、蟠桃宫以及娘娘庙、妙峰山等处

北京绒花（北京市非物质文化遗产代表作项目）

北京绒花“绒鸟”

都有定期举行的庙会。每逢庙会，敬香朝神的人群总是络绎不绝，熙熙攘攘。他们在敬香完毕的归途中，路过庙会的花摊儿经常会挑选几枝色彩鲜艳的绒花，或插戴在女孩子的发髻，或带回家作为装点家居的喜庆装饰。可是，在旧社会，由于制花工人生活艰难，制花工艺几乎濒于灭绝。绒花制作行当一直流行着这样一段顺口溜：“上辈子打爹骂娘，这辈子托生花行，坐折了炕坯，顶破了房梁，家有三亩田不干花行。”绒花虽然人见人爱，可是做绒花却是不受

必定万事如意

待见的苦活儿。

北京绒花"绒制花篮"

新中国成立前，北京绒花的造型多以头饰绒花、小型壁挂为主，除花卉外，有福、禄、寿、禧等文字图案，以及作鱼形花取意“富富有余”，作蝙蝠形花取意“带福还家”，给人以吉祥祝愿。此外，还有用作节日饰品的物件，如端午节时儿童身上佩挂的“五毒”、“小老虎”等饰物。形制较大的有绒制凤冠，冠上还装饰有人造小玻璃片和人造珍珠，是人们在婚嫁时必备的

北京绒花"绒制小猫"

装饰品。传统的小挂饰大多是在花形的外框里点缀着柿子、蝙蝠、寿字、牡丹等吉祥图案纹样，用以装点家居，别有风趣。绒花既是一种很好的装饰品，又是一种珍贵的艺术品。20世纪50年代时产品多制成各种动物形象，新创制的绒鸡、绒鸟，受到人们的普遍欢迎。绒花产品不仅有单个的鸟兽，而且有“群猴闹山”、“狮子滚绣球”、“大龙舟”等大型作品。“大龙舟”取材于端阳节赛会的龙船，舟身宛如一条巨龙，身负宫殿式楼阁，踏破万顷碧波，乘风飞跃，显示出人民的智慧和力量。北京绒花的

必定万事如意胸花

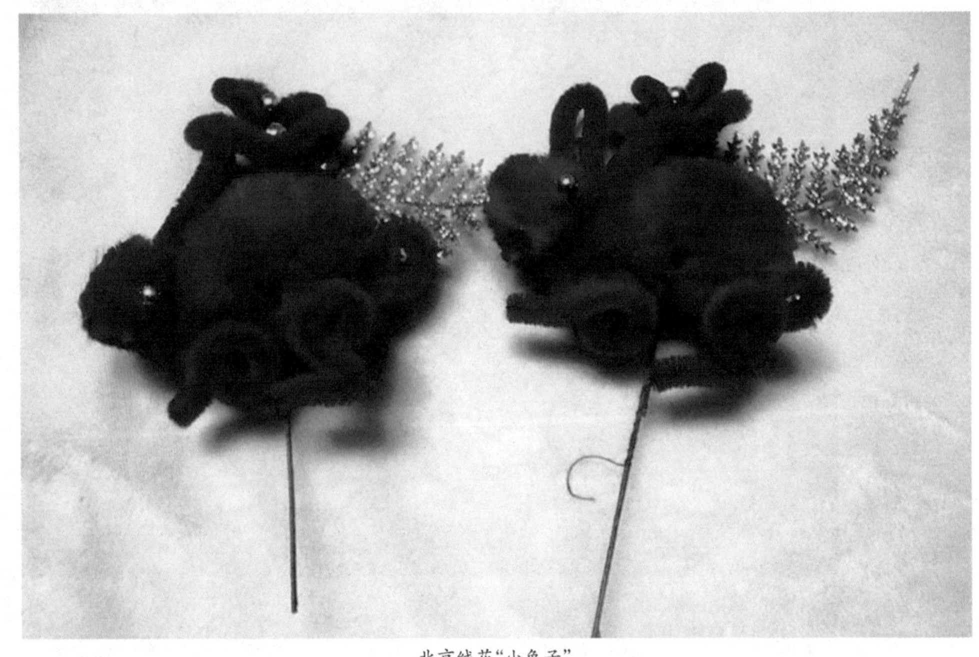

北京绒花“小兔子”

福寿

花色品种繁多，色彩鲜艳，纹样清晰。最多的时候，北京绒花的品种有几百个，如雏鸡、孔雀、锦鸡、鹦鹉、凤凰、绶带鸟、熊猫等，其中造型活泼可爱的小雏鸡是国外欢度圣诞节最受欢迎的饰物之一。它以鹅黄色的丝绒制成，柔和而有羽毛的质感，神态不一，充满生机，惹人喜爱，畅销国内外市场。1953年，北京成立了绒制品生产互助组。1958年，北京绒鸟厂成立。20世纪80年代时，北京绒花除供应国内生产需要外，琳琅满目的绒花制品还出口到110多个国家和地区，声誉远扬。绒鸟艺人曾先后赴美、法、泰、也门等国家参加博览会并当场献技。1982年产品获中国工艺美术品百花奖优质产品奖。但随着各种新生产品的不断出现，北京的传统手工艺受到了强烈的冲击。1998年，在市场经济的冲击下，北京绒花厂倒闭。2009年，“北京绒鸟（绒花）”项目被列入北京市的市级非物质文化遗产代表作名录。但唯一遗憾的是，目前采用蚕丝制作传统绒花绒鸟的工艺技术，部分已经失传。作为北京市级非物质文化遗产，近几年来“北京绒鸟（绒花）”经过民间艺术家协会的宣传以及社会各界举办的手工艺博览会、展会等的大力宣传，这一北京传统手工艺产品重新走入人们的视野。目前的首要任务就是，深入挖掘和整理老一辈艺人的绒花制作工艺资料，使北京绒花重塑历史辉煌。

菊花

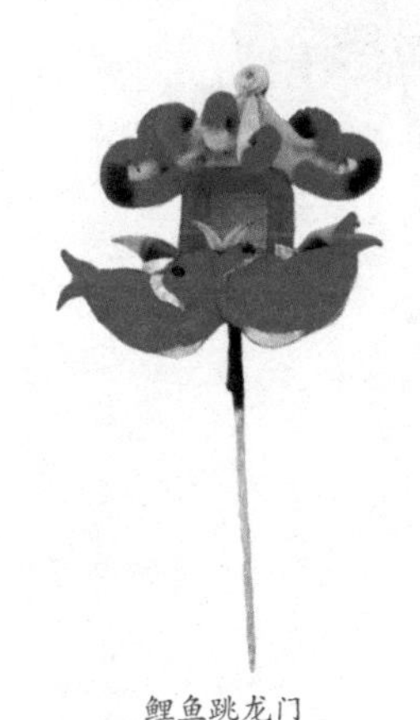

鲤鱼跳龙门

第二节 南京绒花

绒花，谐音“荣华”，富有吉祥之意。南京绒花，过去是专用于婚寿喜庆上的装饰花，所以又叫“喜花”。绒花是一种以蚕丝为主要原料的手工饰品，自明清以来，它一直是南京的传统民间工艺品。虽然目前市面上已难觅其踪迹，但它曾是王室贵族和百姓人家都非常喜爱并广泛使用的吉祥饰物。

古代南京经济繁荣，手工业历史悠久，丝织业则尤为发达，宋、元时期（960—1368）已成为全国丝织业中心，明清时期（1368—1911）已达到全面繁盛的局面。1279年，元朝在建康（今江苏南京）设立东西织染局，征用手工业匠户大规模生产丝织品。明清时期，南京经济的相对发达，为南京绒花的产生提供了必要条件。南京地区丝织业的兴盛，为南京绒花的制作加工提供了充足的原材料。明代时，南京绒花已有了专门的生产作坊，生产已具有相当规模，这与当时南京云锦业的发展有关。明清时期簪戴绒花的风气颇为流行，“南京女子额前梳刘海，脑后梳髻或结长辫，鬓边插绒花。绒花以丝下脚或通草茸制成，着色艳丽，清纯天然，深受青年女子的喜爱”。当时绒花的色

必定万事如意

福在眼前

彩以大红、粉红为主，中绿为辅，黄色作点缀。

绒花制作使用的主要原料是蚕丝的下脚料，而生产云锦等丝织品的过程中会有大量损毁或剩余的材料，这为绒花工艺的繁盛提供了充足的原料。清代，南京绒花曾作为贡品进奉朝廷，生产更加规范和严格。当时的官府在南京专门设立七作二房，七作为银作、铜作、染作、衣作、绣作、花作、皮作，二房为帽坊和针线坊，为广储司管辖。根据历史记载，当时七作的工匠有1000多人，而二房所管的女工也有1100多人。花作的工匠们制作的绒花，就是专供朝廷的贡品。清朝顺治、康熙年间（1644—1722），政府废除匠籍，匠户有了相对宽松的人身自由，一定程度上促进了民营手工业的发展。清代康熙、乾隆年间（1662—1795），是南京绒花生产的繁盛时期。乾隆、嘉庆年间（1736—1820），南京的

老虎驱五毒

老虎头

丝织业及云锦业持续繁荣，设有官办的江宁制造署，民营丝织业也很兴盛，全城有绒、绸类织机3万多台。太平天国时期（1851—1864），设有专门管理手工业的诸匠营和百工衙，其中从事丝织业的为典织衙。同时，战乱导致南京（当时称天京）大量的丝织业手工艺人流散到江浙地区，促进了这一地区丝织业的发展。作为丝织业的相关行业，绒花业也很兴旺，清朝时，南京制作绒花的作坊和店铺大多集中在三山街至长乐路一带，南京城内三山街至中华门的一条街绒花作坊店铺林立，甚至绢、绫花都集中于此，称为“花市大街”。江苏、安徽、江西、河南等地的商人经常到南京采购绒花，以供当地人民的装饰需要。肩挑运输主要工具是扁担，扁担可挑箩担箱，承运袋装货物，又称扁担运输。这种运输方式可短途，也可进行长途运输，有专事运送绒花的“挑行”或“脚帮”。南京绒花质地柔软，色泽鲜艳，运者常用高篓衬上油纸，层层插放，十几个人结队而行。“脚帮”遍行全国，南京绒花也被各地人们所熟知。据日本史书《华夷通商考》记载，南京绒花还与其他物品一道出口至日本。鸦片战争前后，南京作为以丝织业为主体的手工业中心城市的地位不曾改变。清朝末年，南京的手工业逐渐衰落，江宁织局于1904年被撤销。但是此时的绒

南京绒花“必定万事如意”

南京绒花“蝙蝠盘桃”（明代）

南京绒花“凤冠”、“鬓头花”

花、剪纸等手工业仍然有所发展。1910年4月，清政府在南京举办了“南洋第一次劝业会”，包括绒花在内的2502种民间工艺美术品参加了当时的展览。

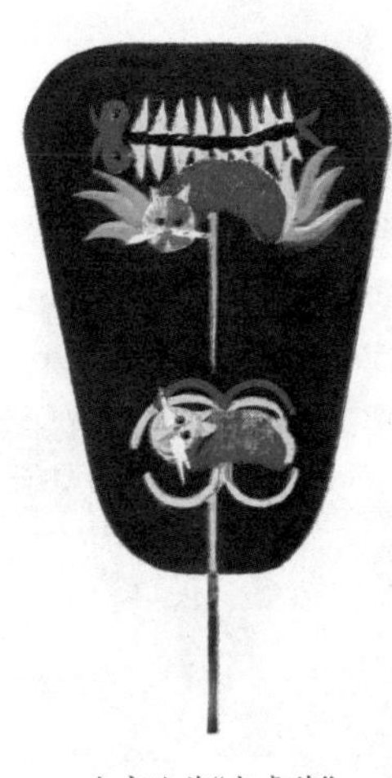

南京绒花“老虎花”

民国时期，南京的绒花行业持续发展并且得到普及。20世纪三四十年代，南京绒花出现了又一次繁盛局面。绒花制作以家庭作坊为主，主要分布在城南门东、门西地区的马巷、铜作坊、上浮桥等地。全南京城有绒花店铺四十多户，以马巷的“柯恒泰”、“张义泰”、“马荣兴”最为有名。除了专门生产绒花的店铺和作坊外，还经常可以看到身背圆屉、手执拨浪鼓沿街叫卖的绒花艺人。这些绒花艺人走街串巷，遇到购买者，就从身后的圆屉中抽出一层层摆放整齐的绒花，供顾客挑选购买。圆屉一般有4—5层，每层装有不同造型规格的绒花。有的绒花艺人还事先备有半成品的绒条，可以根据顾客的要求现场制作，作品往往是唯一的。但在抗日战争时期，绒花行业相继停产，手工艺人被迫失业，或另

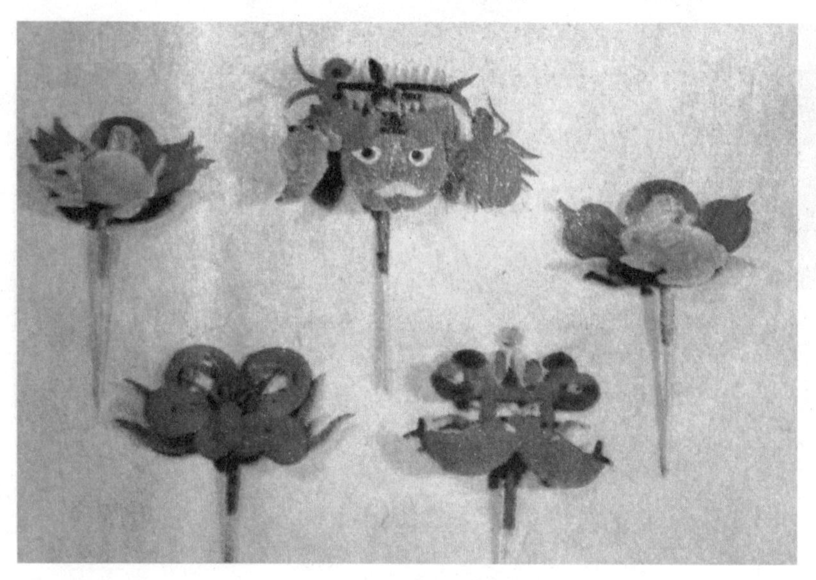

南京绒花“鬓头花”

谋他所。抗日战争胜利后绒花业虽有短暂恢复好转，但不久手工业又陷入全面瘫痪状态，绒花业也未能幸免。

南京绒花“绒制花篮”

新中国成立后，政府重视民间艺术的发掘和整理，绒花又有新的发展，并改进工艺，采用生丝直接染色加工和生熟丝同时搭配并用，从而可以染色、成型上百种花色，制成一年四季的名花异草，形象逼真。政府还采取了一系列措施恢复手工业生产。1954年，南京市政府为恢复传统手工艺，帮助绒绢花艺人周家凤、任德福、王永禄、王家泰等人重新恢复生产。在1956年至1957年的手工业合作化高潮中，各种生产合作社纷纷成立，其中，艺美绒礼花合作社在1956年共有职工77人，年产值7.1万元，厂址设在绒庄街。1962年，南京工艺美术行业共有云锦、丝绒、金线金箔、绒绢花、戏衣戏具等22个门类，24家企业，职工2300人，年产值360万元。面向广大农村地区的小绒头花也供不应求。为适应需要，企业组织了外加工，采取扩大生产、提高产量的措施。1963年，为了展现南京工艺美术的成就，7月1日至8月4日在北京北海团城，10月1日至11月3日在南京市手工业产品门市部举办了“南京工艺美术展览会”。此次展览受到了北京、南京两地观众的热烈欢迎，其中具有南京地方特色的云锦、天鹅绒、剪刻纸、绒花等受到极高评价。“文革”时期，绒花被作为“四旧”产物停止生产。20世纪80年代初，

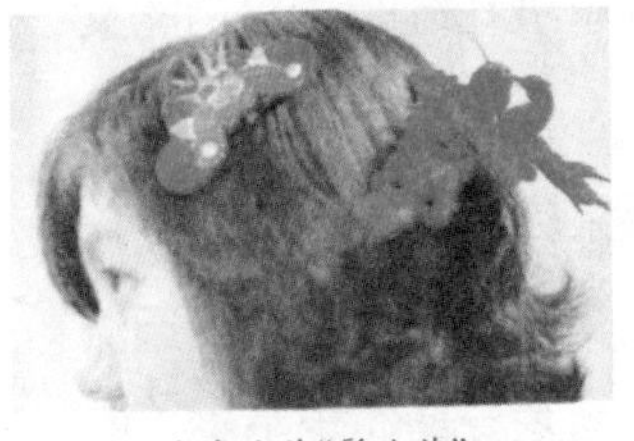

南京绒花“鬓头花”

绒制动物系列之鸭群

南京绒花“龙凤喜”

南京绒花“绒制龙舟”(赵树宪作品)

南京绒花“绒制葡萄”挂屏

绒花恢复生产，南京成立了工艺制花厂。这一时期的产品除了少数的传统绒花产品外，大多为外销的动物类绒制工艺品，产品主要销往西欧地区，年出口额近200万人民币，为政府换回大量宝贵外汇。这是南京绒花继明清之后的又一个繁盛时期。

南京自古以来就有积淀深厚的文化传统，民间传统文化的流传更是源远流长，素有“人文荟萃之地”之美誉。明清时期，随着南京经济的发展，手工业作坊的逐渐增多，各种民间艺术品琳琅满目，形成了独特的民间文化。江南地区文化艺术的发达，也带动了南京民俗节日的繁盛局面，各种庙会、香会、集市等为南京绒花等传统手工艺品的生产和销售提供了重要条件和场所。无论南方或北方的农村妇女，大都有戴花的习惯。南京绒花作为民间传统文化的重要载体，非常贴近人们的日常生活习惯，簪戴绒花反映出民众对于美好生活的向往和追求，因此受到人们的喜爱并得以广泛流传。

旧时南京人婚寿喜庆或春节、端午节、中秋节等传统节日，这时妇女、孩子会在发髻、发辫或两鬓插一枝色彩艳丽的绒花作为装饰。绒花的品种很多，除了头花还有脚花、帽花、罩花、戏剧花等品类，后来又发展出绒制凤冠、鸟兽鱼虫、亭台楼阁、盆景建筑等类别的绒花制品。南京绒花富有吉祥的寓意，深受人们喜爱。南京传统绒花的图案大多是象征吉祥的凤凰、聚宝盆、双喜字、石榴以及各式的花朵，如茉莉花、白兰花、素馨花、鸡蛋花、芙蓉花、蔷薇花等等。绒花的图案与中国传统民间艺术的许多题材具有相似性，其造型极富中国民族特色。南京绒花之所以能够不断发展，主要是适应了民间喜闻乐见的形象与吉利祝福的心理相结合，运用夸张的变形手法，塑造出活泼玲珑、简练生动、趣味浓厚的艺术形象，“柔和饱满，色彩富丽、造型精巧、形神兼备”，得到人们广泛的喜爱，迎合了人们对美好未来的憧憬。因此，南京绒花的造型与内容也多选用民间祥瑞、喜庆欢乐的题材，利用谐音和双关，

南京绒花小件

南京绒花“胸花”

南京绒花“万事如意”(明代)

南京绒花“一统万年”(明代)

绒花制作工具

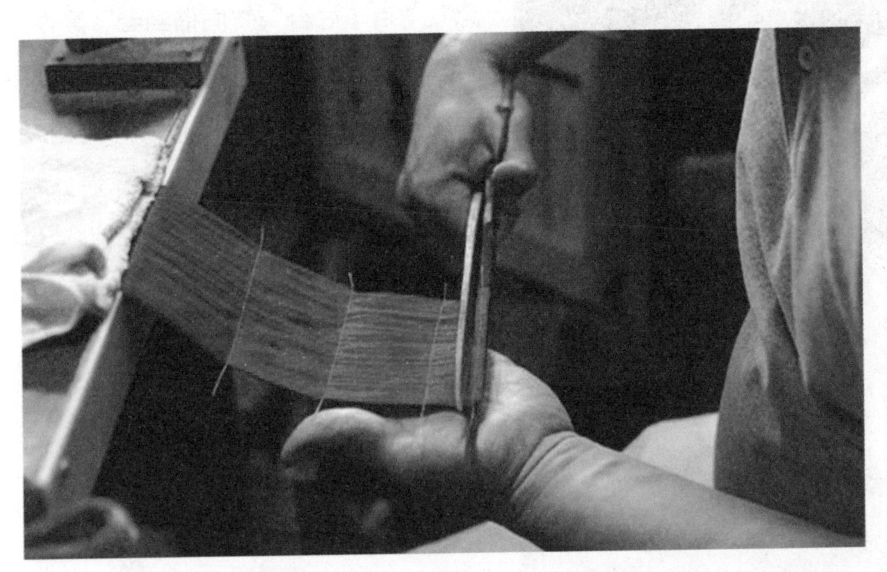

南京绒花制作之“打条”

南京绒花制作之“传花”

南京绒花之“绒制猴子”

含有吉祥寓意，如传统的头花“万事如意”、“百年好合”、“同偕到老”等等。“万事如意”，是以万年青、柿子、如意等谐万、事、如意之音，类似的还有“金玉（鱼）满堂（塘）”、“福（蝙蝠、佛手）寿（桃）双全（钱）”、“富（牡丹）贵（桂花）白头”、“喜（喜鹊）上眉（梅）梢”、“富贵（牡丹）双余（鱼）”、“吉庆（磬）双余（鱼）”、“三代（荷花、莲蓬、藕）同庆”、“麒麟送子”、“鹿鹤同春”等。绒花色彩的运用，会根据题材内容、花型组合和使用对象的不同来确定，一般多

绒制动物系列之孔雀

绒制动物系列之绒鸟

采用大红、水红、桃红、葱花绿、果绿、墨绿等对比鲜明的色调。传统的“龙凤呈祥”、“龙凤花烛”、“龙凤喜花”、“龙舟”、“凤冠”等绒花工艺装饰品，是运用民间传统的“龙凤”纹样，通过绒花艺人的精心创作而成，寓意富贵吉祥，显得雍容华贵、庄重大气。20世纪三四十年代，还能见到一些出席婚嫁晚宴的女子仍戴着这种绒花妆饰。绒花一般插于鬓，但造型大、层次丰满的“喜鹊登梅”等则戴于脑后发髻上，给人以华而不佻、含香吐瑞之感，庄重大气典雅，有较强的烘托渲染效果，若在晚宴上戴上一枝绒花，会立刻引来众多宾朋艳羡的目光。当时，还有一种叫“老虎花”的绒花产品，每年农历的五月初五，妇女纷纷购得插于鬓边。这种老虎花如同白居易在《长恨歌》中描写杨贵妃“云鬓花颜金步摇”的“步摇”那样。不过，杨玉环戴的是卷曲的金丝下面悬挂着串珠，称为金步摇。而南京流行的是以

绒制动物系列之兔子、小猫、松鼠

各种丝绒编织为虎，下用铜丝缠以骨簪，也插在鬓边，走路时上下颤动，轻盈矫健，多姿多彩。现在在古装戏剧或古代仕女画上仍可见到这种装饰。旧时绒花行业中称“绒花凤打头”，意即在绒花的类型中“凤”为极品。南京的绒花艺人赵习凤、周家凤等，其艺名最后一个字都为“凤”字，听起来像女性的名字，实际上他们都是男性，深刻表达了绒花艺人对其所从事行业的崇敬与热爱之情。

绒花的制作与销售一般采用前店后坊式，这也是中国传统手工业生产销售模式的典型代表。工人多为同一家族的妇女，生产方式以流水作业为主，产品花样和制作规格比较统一，但每家绒花作坊都有各自的特色产品。绒花的销售不受季节限制，尤其是“一事三节”时最为兴旺。所谓“一事”就是婚嫁喜事，所谓“三节”就是春节、端午节、中秋节。春节时的“全福花”、“如意花”、“寿星花”；端午节时的“老虎花”；中秋节的“白兔花”等，深受老百姓的欢迎。随着国家实行改革开放的政策，人们的生活方式和审美观念逐渐改变，昔日活跃在南京大街小巷的绒花，随着时代环境的变迁，日渐凋零，老一辈的艺人感叹绒花是“南京的民间

兔子拜月

工艺之花”，但却无力再次唤起社会的重视。南京绒花由于成本高、产值低、式样老套等诸多因素早已无法继续制作，大部分年轻人已不知道什么是绒花，绒花制作正面临着人亡艺绝的窘境，祖传的技艺即将消失，实在令人不胜唏嘘。

2007年，南京绒花制作技艺被列入江苏省首批非物质文化遗产名录。为了保护这一古老的传统手工技艺，南京市民俗博物馆在馆内设立了绒花工艺展示厅，邀请绒花艺人赵树宪为观众演示绒花的传统制作技艺，为人们认识、了解、研究绒花提供了条件。

第三节 扬州绒花

扬州绒花，又称宫花、喜花，是以天然蚕丝加工成熟丝，经染色、下条、打尖、搏拈等工艺制成的绒制工艺品。扬州绒花在民间作为头戴花和装饰花，色泽多为大红，象征吉利，故称喜花。扬州绒花的产品由一般的妇女头戴花演变为多种装饰花，并在装饰花的基础上发展出鸡鸟、鱼虾、昆虫、飞禽、走兽，以及半立体挂屏、绒制盆景（包括微型盆景）、节日灯饰等，约有100多个品种。扬州绒花造型生动美观，风格独特，具有色彩鲜丽、精巧细腻、质地柔软、神态逼真、不易变形的特点，是一种雅俗共赏并且深受人们喜爱的民间工艺品。

扬州绒花的历史悠久，早在唐代就已进入宫廷，千百年来作为南方绒花的杰出代表之一，占据着中国制花业的半壁江山。古代扬州女子的饰物主要有两类，一类是珠子，“一两珠子卖到百十换”，另一类则是绒花。扬州女子戴绒花不是一朵两朵，而是一大排一大圈。绒花不仅色彩各异，五彩缤纷，造型更是千奇百怪，卍字、福字、寿字、植物、动物，人间有的，花里也有。扬州是中国绒花工艺的起源地之一，它在民间有着深远的影响，制品数量大，从业艺人多，艳丽多姿，艳而不俗，被誉为工艺品中的“小家碧玉”。绒花的制作原料是丝绒，古往今来，其制作方法出现了“绕绒”、“刮绒”、“滚绒”等方法。扬州绒花传统的制作方法使用的是“滚绒”法，即采用优质蚕丝为原料，先将丝绒染成各种颜色，用细铜丝相连，使用简易工具，把绒用力搓滚成绒条，艺人凭借剪钳，运用概括、夸张的手法，经搓揉、压烫、装合、剪修等工序在绒条上进行艺术造型。扬州绒花制作的具体操作方法为：1.开绒、煮绒，即将整支蚕丝扒松，然后放入冷水浸泡一天，加碱煮成熟丝（化纤丝不煮）；2.染色，根据需要染成各种色丝；3.下条，根据产品需要，将各色熟绒排成一定长度和宽度的绒带，逐条刷平、刷匀，然后用两根细铜丝从正背两面夹住绒带，用力搓紧，滚成圆形绒条；4.烫绒，将圆绒条用熨斗烫成扁平形，用于制作花瓣、鸟翅、尾羽等；5.传花，按生产品种需要，凭借灵巧的双手，用剪刀将绒条修剪成不同形状，再用镊子将绒条组合成千姿百态的花、鸟等绒花制品；6.粘花，即将不能抟在一起的绒条和配件（如鸟眼、鸡冠等），用胶将它们粘贴在各相应部位；7.裹缠，即将外露的由金属丝制成的花枝、鸟腿等，用有色皮纸裹缠；8.配件，根据产品设计要求，装配配件，如给绒花配花盆、花篮，给绒鸟配鸟窝等。制作出的花卉、禽鸟等绒花制品，有斑斓怒放的鲜花，有登枝喧叫的灵雀，有雄姿勃勃的奇兽，有文相武相的人物，百般生动，令人赞叹不已。扬州绒花品种大致分玩赏和装饰两大类，用作装饰的有绒花、插花、帽花、罩花、胸花和捧花等，造型活泼玲珑，色泽鲜艳优美，制作灵巧别致，名扬中外。

扬州绒花，起源于隋唐，盛于明清。民间一向喜以绒花装饰房间；每逢佳节及喜庆日，妇女均喜戴花，成为传统习俗，均对绒花生产起重要推动作用。妇女的发髻上有时戴茉莉花、白兰花、栀子花、小菊花、腊梅花等应时鲜嫩的香花，有时戴与真花一模一样的通草花，

扬州绒花“多宝架小盆景”

扬州绒花“绒鸡啄食嬉戏”

更多的则是戴绒花。每逢春日或清明时节游春，人们争相购买绒花，戴在头上，作为装饰。扬州妇女不但一年四季头上戴花，还要经常变换花的色彩和形象。如家中有人做寿，就戴红寿字绒花；有人成亲，就戴双喜字绒花；到人家祝寿吃喜酒，就戴麻姑上寿、丹凤朝阳、喜鹊登梅等图形的绒花。还有应时应节的绒花：如蛤蟆、蜘蛛、蜈蚣、壁虎形的，五月初五端午节戴在头上，据说能以毒攻毒，人就不会受它们的毒害；嫦娥飞天、兔子拜月形的，八月十五中秋节戴在头上，起到敬月的作用；岁寒三友、桃李迎春、福星高照形的，则是春节期间常戴的，可以增添欢乐气氛。办丧事也用绒花，花型多为梅花、菊花，素色，戴在头上表示哀悼。原来的绒花制作工艺比较简单，色彩也较单一，产品除宫花外，主要是妇女的头花和装饰花，以及喜庆之日用的绒花。传说扬州有一姓姜艺人，家住书画店对门，常到书画店内欣赏名人古画。天长日久，对其中一幅松鼠偷吃葡萄的画很感兴趣，即用绒丝制作了出来，轰动了扬州。从此，扬州绒花生意日渐兴隆。民国以前，扬州绒花主要为头戴花（或称鬓头花），题材按民间四时八节不同习俗而区分，品种十分丰富。例如春节，有“招财进宝”、“年年有余（鱼）”、“万年青”、“聚宝盆”、“元宝鱼”、“吉祥鱼”、“双鱼跳龙门”、“四季如春”等式样；端午节则以辟邪为主，制作“百脚（蜈蚣）”、“蜘蛛”、“蛤蟆”、“金花老虎”、“壁虎”、“下山虎”等式样；中秋节以登高和月宫神话故事为题材，制成“单宝塔”、“双宝塔”、“月宫塔”、“荷莲”、“荷藕”、“兔子”、“玉兔拜月”、“秋菊”等式样。除了头戴花外，又发展出了胸花、壁花、罩花、帽花及帐围、帐屏、灯头、灯衣以及用于糕点装饰和戏剧服饰的各种装饰用花。

清末举行的南洋劝业展览会上，扬州绒花参加展览

扬州绒花“头戴花”

并荣获一等奖，从此声名大震，成为中国出口商品之一。民国时期，绒花门类增加了戏曲、神话故事中的人物制品。

古代扬州，制花业十分发达，是我国著名的工艺花产地。在扬州制花中，又以绒花的历史最早、品种最多、影响最大。相传隋唐时代，绒花被选为宫花，作为皇上赐给朝拜的地方官员之用。逢年过节，地方官员都要云集京都，朝拜皇上并进贡地方珍品。皇上和皇后也要赐给地方官员一些首饰和宫花。这种宫花就是绒花，色彩多为赤色，象征着吉祥和幸福。唐玄宗时，酷爱扬州“奇器异服”的杨贵妃，因鬓边有小疵，常以绒花饰之，益增其美。所以，小小绒花在问世之初就曾煊赫一时。每逢喜庆节日，人们都喜爱簪花，宋代王观《芍药谱》中说：“扬人无贵贱，皆戴花。”

明末清初，扬州已有绒花、通草花、绢蜡花、纸花等“像生花”品种的生产，制作精美，其中扬州绒花还被列为朝廷贡品。李斗《扬州画舫录》有关重宁寺佛殿装饰专有记述：“……四边饰金玉，沉香为罩，芝草涂壁，菌屑藻井，上垂百花苞蒂，皆辕门桥像生肆中所制通草花、绢蜡花、纸花之类，像散花道场。”据《清宫进单》记载，驻扎在扬州两淮地区的盐政官员伊龄阿、曾福，曾向清廷进贡扬州像生花挂屏2

扬州绒花“仙人小盆景”

扬州绒花“竹篮花鸟”

对，像生草虫40对，大、中像生花各4枝（盆），浑翠吉祥宫花、绒翠瑞草宫花各100对。当时，清代扬州的绒花生产已很兴盛，且制作精美，并形成以绒花为主，又有通草花、绢蜡花、纸花等多种形式的工艺花。当时绒花商肆、作坊遍布全市，扬州皮市街一带设有“万花春”、“万花楼”、“吉祥春”、“万祥春”、“盛花春”、“陈盛斋”、“方益泰”、“杨源茂”、“陈少记”等数十个花店和20多个制花作坊，专事制作绒花，拥有相当规模的制作绒花队伍，扬州东乡的农村妇女大多以制作绒花为副业。其中，花店作坊以万花春最早且最有名。万花春始创于嘉庆五年（1800），除经营各种花类外，也组织生产绒花。清光绪二十九年（1903），王以仁与传花工夏有余合作，首次试制动物绒花“松鼠偷葡萄”获得成功。民国年间，王以仁又创作设计了喜鹊、燕子、公鸡、小鸡、绶带鸟等各种禽鸟动物绒花和“喜鹊登梅”、“喜报平安”、“八百延龄”等带主题性的动植物组合绒制产品，以及“四季平安”、“五子石榴”、“大蝴蝶”、“大福寿”等大型瓶花，绒制人物娃娃、唐僧、猪八戒、杨香武、黄天霸、虹霓关、判官捉小鬼等戏曲人物，开创了绒花生产新领域，突破了绒花仅限于生产头戴花的局限性，形成了鲜明的地方风格，在全国绒花业中独树一帜。宣统三年（1911）最盛时，扬州绒花从业人员达140余人，拥有技工40人，全年销售量120万枝。至清代末叶，扬州绒花店尚多达50余家。民国初年至抗日战争爆发前，扬州绒花生产还很兴盛，市区绒花店除万花春等14家外，还有王以仁、袁兆江、卞家喜等17家作坊，纸花作坊有月中桂、胡炳等。这些花店作坊，多集中于湾子街附近一带，是扬州制花业生产制作和经营集散中心。花店作坊各有分工，自成特色，如王以仁以创新著称，魏玉宽以做绒字著称，杨源茂以烫绒著称，吉祥春以做帐围、帐屏、花篮等大件著称，大福以像生著称，万花楼、程鉴记则专做里下河地区批发。扬州东乡，现江都砖桥一带，是扬州绒花的又一重要产地。民国十四年（1925），经扬州湾子街杨源茂花店绒花艺人曹仁宏的传授，砖桥曹伙一带的绒花业迅速兴起，遍及家家户户，被称为扬州的“花窝”，其中以曹仁胜开设的“曹祥春”店作较有名。日军侵华战争爆发后，扬州绒花生产由盛转衰，绒花艺人纷纷流散至上海、镇江、南京等地，以卖花为生，有的则自设作坊。20世纪40年代，绒制产品由立体的绒花、绒鸟摆件、插件发展为吊件，产品销往上海、南京、徐州以及芜湖、蚌埠、南昌、九江、武汉、长沙、重庆、成都以至云南、贵州和西康等地，有的则经外国传教士和旅外华侨传到海外。20世纪五六十年代，头戴花产品逐步为绒鸟所代替。

20世纪40年代后期，扬州制花业一度极不景气，各个花店作坊基本歇业，许多艺人流离失所，绒花艺人纷纷改行转作他业。到解放前夕，只剩下几个艺人，他们身背花篓，沿门叫卖，过着“一日制花几十枝，难换升米来充饥”的苦难生活。解放后，人民政府及时抢救和扶植制花工艺，绒制品从小型实用装饰花，向欣赏型室内装饰陈列品发展，其题材、造型、工艺上都有重大变革。绒花艺人将绒制花鸟与其他工艺品结合，创制了竹篮花鸟、子母鸡、多宝架小盆景等新品种，并多次获奖。1953年，扬州市文联对民间工艺美术进行调查，并着手组织绒花艺人归队，派专人去安徽芜湖将王以仁接回扬州，由文联贷款60元，筹备绒花生产。1955年，原流散在上海、镇江、南京等地的大部分绒花艺人回到扬州、江都，在扬州市手工联社组织下，1956年5月，以王以仁为组长的第一绒花供销生产合作小组在扬州观巷3号成立，开始培养新一代的制花工人，使古老的制花工艺焕发了青春。中国美术家协会服务部还在扬州购买25000枝绒花，同时在京展销。1956年5月，又在仓巷成立了扬州市制花工艺生产合作社。通草花艺人钱宏才也由市文联介绍加入合作小组，绒花生产自此逐步走上新的发展轨道。至年底，扬州制花工艺生产合作社职工174人（其

扬州绒花"竹篮花鸟"

中绒花35人，绢花138人，通草花1人），年产108万枝，产值7.6万元（其中：大小绒花81.6万枝，产值1万元，绒鸟动物10.9万只，产值2.1万元，绢花15.5万枝，产值4.5万元），并获得出口，产品主要销往苏联和东欧各国。1958年，扬州市制花工艺生产合作社改名为地方国营扬州制花工艺厂，拥有1200多名制花工人，制花工艺迅速发展。此后，扬州的绒制品生产继续发展，不断进行材料、造型的创新，生产上采用绒、绢相结合以及聚苯乙烯等新材料，品种也日益丰富，创制了节日灯串、花鸟竹篮、聚苯乙烯仙人掌等新品种，受到人民的普遍欢迎。1959年3月，全国人大代表、教育部部长叶圣陶和陈鹤琴、俞平伯、季方、计雨亭等10余名专家、学者来制花厂视察，盛赞扬州制花工艺，叶圣陶部长还亲笔题诗称赞："旧艺维扬著，今随国运新，生姿并活色，种种见精神。"

1955年冬，在上海的原江都绒花艺人曹仁宏、曹仁胜等10余人，回到家乡曹伙，在民和乡成立绒花生产合作小组。1957年6月，迁至潘伙，成立江都砖桥绒花生产合作社，职工100余人。至年底，绒花生产量23.7万枝。1955年，张锦春等13人在张纲成立绒花生产合作小组，1958年初该小组与砖桥绒花生产合作社合并。9月，砖桥合作社迁至江都仙女镇，与江都漆器生产合作社、制扇生产合作社合并，于10月1日成立地方国营江都特种工艺厂，归属县手工联社领导。年底，职工200余人，年产绒花36.3万枝。20世纪70年代，扬州绒制品经过艺人王纪康的创造发展，由小型装饰花向以欣赏为主要用途的室内装饰陈列品方向发展。1972年，扬州制花厂创作设计了"白孔雀"、"熊猫山"以及以反映革命斗争为题材的"娄山关"等大型绒制品半立体挂屏，参加了江苏省工艺美术展览。传统题材产品"天女散花"、"嫦娥奔月"、"黛玉葬花"、"麻姑献寿"、"牛郎织女"等传统题材的半立体挂屏正式投产。1978年，全国工艺美术品展览会在北京举行，扬州制花厂设计制作的"瘦西湖"挂屏和"公鸡打伞"、"圣诞老人"等卡通绒制品小件参加展出。1980年，扬州绒花宫灯牌绒制品大型挂屏被评为轻工业部优质产品。同时，扬州制花厂发展了通草盆景，扩大了绢花品种，还开发了塑料花。扬州绒花的色彩也逐渐丰富起来，不再是原始的单调色彩，而是有大红、水红、桃红、墨绿、葱绿、鹅黄、杏黄、酱紫等各种颜色，五彩纷呈，应有尽有。产品品种最多时有400多个品种，包括人物、盆景、鸟兽、虫鱼、大型挂屏、地屏等，其中的“孔雀开屏”、“龙凤呈祥”、“松鹤延龄”、“鲤鱼跳龙门”等产品，最适合案头陈设和橱窗装饰，具有很高的艺术欣赏价值。绒花制作工艺也有所发展，采用了生丝直接染色加工，生熟丝同时并用的技术，从而集生熟丝加工的优点于一体，一举成型，在国内外市场上赢得了声誉。这些绒制品，借鉴国画的神韵，屏面虚露得体，立体感强，线条清晰，疏密有致，格调新颖，既有国画的韵味，又不失绒制品的特征。尤其是别具一格的绒制品盆景，造型讲究，色彩夺目，具有三分诗意，七分画意，十分神奇，无论置于案头、室内，大有方寸之中可辨千寻的意境。而且，绒制品盆景，雅俗共赏，四季常绿，因而备受中外游客的欢迎。

扬州绒花这一民间艺术，伴随着著名的漆器、玉器、刺绣、剪纸、灯彩等手工艺品，互相熏陶和影响，同发展，共兴衰，阅尽人间春色，同时又把人们对美好生活的憧憬，对太平盛世的期望，对人寿年丰的祝愿，热情而形象地带给人间。扬州绒花，与其他工艺品一样，不仅内销于江西、安徽、湖北、河南、北京、上海、江苏等省市，而且还曾远销荷兰、法国、德国、日本、澳大利亚、东南亚、香港、美国、意大利等几十个国家和地区，深得中外游人的喜爱。

第四节 缠花

缠花，俗称春仔花，是结婚时新娘及女客插在头上的小纸绢花，是一项非常好的民间工艺。20世纪初，台湾新娘装扮流行“龟仔头”，即是一种用龟结和匙仔结成龟形的髻，并簪插两支红色的花簪，象征女子出嫁时的喜气与吉祥。在台南或鹿港还有做成极小的龟、鹿、鹤，代表福禄寿；或者做成石榴的样子，表示早生贵子的意思。根据历史记载及祖籍调查，目前居住在台湾的人以福建漳州、泉州和广东人较多，虽然不同族群之间的风俗不尽相同，但基本保留了大陆地区的闽南风俗。由于台湾地区政治、经济、社会文化等的不断发展，婚礼习俗也呈现出不同的面貌，充分展现出台湾多元文化的特点。湖北黄冈英山缠花是用纸板和细铜丝扎成不同形象的坯架，再按需要缠上不同的彩线，可以缠出蝴蝶、牡丹以及象征理想人格的“梅、兰、竹、菊”等，且都非常小巧，最大的仅有方寸左右。台湾客家的缠花造型和技法与湖北英山缠花较为相近，而闽南缠花（春仔花）则以红色点缀金色为主的石榴、牡丹、福鹿、福龟等造型为多。

台湾缠花

一、台湾缠花

台湾缠花，民间又称“春仔花”、“吉花”、“线花”，是一种用丝线缠绕出来的饰物，造型细致典雅，很受人们的喜爱。在缠花的分类上，有的将缠花归入编织类，也有的将之归入刺绣类及纸艺类。台湾地区的缠花历史悠久，至少在清朝时已经有缠花工艺的出现。缠花是闽南地区的传统民间艺术，而台湾移民大多来自福建泉州、漳州、厦门等地，自然也就承袭了福建的地方风俗和生活习惯，闽南缠花也在台湾地区得到了发展。《台南市志》中记载：“妇女首饰，多用金银，昔时一簪一珥为常，但随时而变，富家则尚珠玉，价值千金。头发饰物则有：顶股针、金匙仔针……春仔花、菊仔花、绣线花、绸春

台湾缠花

花……”另外，《台湾通史》中也有关于春仔花的记载，说台南妇女擅长制作春仔花，所用的材料有通草、丝线等。制作出来的春仔花，鲜艳夺目，像真花一样漂亮。在台湾以前的婚礼节庆中，缠花通常是女性常常佩戴的发饰。缠花的制作非常费功夫，也很考验制作艺人的技艺熟练程度。因此，缠花除了具有装饰功能外，还体现出制作者的巧手巧思。

台湾缠花

有关缠花制作的方法在《台湾早期服饰图录》中有相关记载，其做法是先在纸片周围圈上一圈细铁丝，然后以细线丝缠绕，缠绕时需一根一根线顺序平铺，才会光泽好看，一瓣瓣地缠好，再组成一朵花，有的加上彩色玻璃珠当花蕊，或流苏或是与通常花一起组合，也有做成蝴蝶的造型，也有搭配铁丝、金银锡箔纸的特殊手工艺。缠花制作出来的成品除了可做发饰花朵外，还有吉祥动物和昆虫等样子，但由于绝大部分的成品是花朵，因此有“缠花”的称呼。早期的台湾妇女，常常利用闲暇之余进行缠花的创作。未婚女子在婚前也会修习各种女红，为自己准备新婚时的衣饰和嫁妆，缠花制作就是其中的重要一项。由此可知，缠花制作几乎是当时每位女子必备的技能，甚至有的人还会将多余的缠花拿到市场贩售，作为一种贴补家用的家庭副业。民国时期，台湾缠花已经非常盛行，主要分为闽南缠花（春仔花）和客家缠花两种形式，并因地域的不同而发展出自己的特色。

台湾缠花

颜色鲜艳、象征吉祥的“春仔花”，这种台湾地区早期的传统手工艺，在当时普通老百姓的婚嫁习俗中，发挥着重要作用。婆婆妈妈特别喜欢逢年过节将其戴在

台湾缠花

头上。婚礼中，不同身份的人会佩戴不同样式的花朵，常见的有百合花、石榴、鹿、龟、蝴蝶、五福花、圆仔花、牡丹花、梅花、玫瑰、康乃馨、玉兰花等基本样式。“春仔花”在婚礼中的作用十分重要，不但新娘必须佩戴精致典雅且象征喜庆的“春仔花”，甚至连媒婆、新娘母亲、婆婆以及亲朋好友中的女性，都会在头上戴上一朵不同造型和含义的“春仔花”。一般来说，台湾地区闽南传统婚礼中，男方的女眷通常佩戴大红色的春仔花，女方的女眷除妈妈外佩戴粉红色，婆婆则佩戴鹿形或龟形的春仔花，有福寿之寓意，新郎祖母及新娘的妈妈佩戴龟形春仔花，婶婶及舅妈佩戴五福花，媒人佩戴梅花，大部分的新娘戴石榴花，有多子多孙多福气之意。

台湾缠花之胸花

台湾缠花

台湾缠花“蝶舞”

缠花的流行，与传统民间习俗及信仰有一定联系。缠花作为台湾地区传统社会中每一位新娘出嫁时的必备发饰，寓有幸福吉祥之意。例如，“石榴”造型缠花代表“早生贵子”、“子孙繁昌”和“多子多孙”。所谓“榴开百子”，在多子多孙多福气传统农业社会中，石榴更是婚宴上不可或缺的果实。“牡丹”缠花代表“富贵”之意。新娘向婆婆见面行礼时，需要奉上“福鹿”与“福龟”造型的缠花，以表示对婆婆以及祖母“福禄归寿”的美好祝福。另外，闽南婚俗文化中，参加婚嫁喜事的妇女也要簪一朵春仔花，讨个“好彩头”。早期，闽南地区还出现过用棉绸材质制成的红春花，但现在大多数材质均以红色人造花取而代之。

台湾缠花

台湾地区的客家缠花是台湾新竹、苗栗、桃园等北部地区客家人的一种传统工艺，更加广泛。早年居

台湾缠花之组合创作“茶花”

台湾缠花之组合创作“富贵牡丹”

台湾缠花“春风”

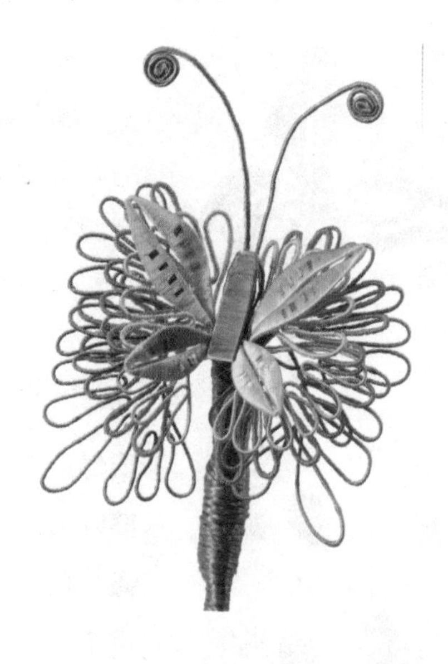

台湾缠花“蝶舞”

住在台湾北部地区的客家人，对这种用丝线缠绕出来的春仔花也非常喜爱，与闽南的春仔花相比用途也更广泛，无论是新娘的发簪、厅堂供桌上的箱形清供品、绣灯上的造型装饰，还是孩童的帽饰、房间的挂件等，都有缠花的影子。其中，用缠花制作的桌供，是代表客家工艺技术的典型作品之一。具体制作方法是：首先要将事先定型的纸片缠丝制作成各式花朵、枝叶、蝴蝶、昆虫等造型的半成品，经过一系列的排列组装后放置于木箱中，在其正面罩上玻璃罩放置于厅堂的供桌上，这是早期台湾北部客家地区特有的清供品，尤其在新竹、苗栗地区颇为流行。目前收藏家所保留

台湾缠花“凤凰”

的客家缠花，大部分都是民国时期的作品，色泽已大不如前，且都集中于台湾北部的客家地区，南部客家地区则未见流传至今的缠花作品。

台湾缠花“菊花”

台湾地区传统的春仔花习俗发展至今，由于时代的变迁和社会形态的转变，在现代社会中逐渐消失。但我们不应该否定它在生活中具有的审美价值，更应该从生活的实用造型中去找寻艺术的新意境。当我们面对科技文明的精致产品与古代传统的手工艺品时，都同样具有审美的价值，所不同的只是时代的意识与内涵。台湾缠花艺术家陈美惠老师目前正极力推广缠花这一传统技艺的保留与传承，但仍需要更多人的支持和投入，共同推动，才能将缠花这一传统技艺得以保留，进而彰显其文化的独特本质。

台湾缠花之发簪“玫瑰”

台湾缠花之客家缠花“客家喜”

台湾缠花之客家缠花“供花”

台湾缠花之胸花“台湾青”

台湾缠花之胸花

台湾缠花之胸花

二、英山缠花

英山县地处大别山腹地，位于湖北省东北部，东临安徽，素有鄂东门户、吴楚咽喉、江淮要塞、皖鄂通衢之称。英山县在宋代咸淳六年（1270）立县，1932年以前属安徽省六安州管辖，1932年由安徽划归湖北黄州。由于受到历史变迁和独特地理位置的影响，形成了许多外来文化与本土文化融合的产物。英山自古就有种桑养蚕的习俗，盛产蚕丝，这对缠花的产生和发展都起到很大的推动作用。源于英山的缠花技艺，曾经流传到安徽的霍山、太湖、岳西等地，清朝移民还将缠花技艺带到福建泉州和台湾部分地区。

英山缠花主要流传于湖北省英山县，简称缠花，就是用多色丝线在以纸板和铜丝扎成的人造坯架或实物坯架上

英山缠花"凤穿牡丹"

缠绕出鸟、兽、虫、鱼、花、果、汉字等的丝绒制品。每个缠花既是一个单立成品，也可将几件单品构思组合成一幅内涵丰富的艺术品。缠花在不同的场合的使用也不尽相同。如小孩"洗三朝"、"抓周"时，缠花多为小老虎头、小蝙蝠、小鱼、小花的造型，将其缝在鞋上、帽上，寓意着前途似锦、吉庆有余、有福有禄。缠花在婚事中也有应用，用"十全十美"、"福在眼前"、"团团圆圆"、"早生贵子"、"喜鹊咏梅"、"凤穿牡丹"、"恩哥戏菊"、"鹭子戏莲"、"蝴

英山缠花"十全十美"

蝶闹金瓜”等题材的缠花来增添喜庆气氛。逢到老人的寿诞，寿礼中也少不了缠花，说是花亦是字，用“金玉满堂”、“福如东海”、“寿比南山”、“福禄双全”的缠花表达祝福。

英山缠花“蝶恋花”

相传，英山缠花起源于北宋时期，在明末清初时达到鼎盛，现存于民间的藏品属民国时期，新中国成立后虽然曾有缠花工艺流传，但收集到的藏品极少。“缠花”一词最早出现在北宋诗人宋祁的《春帖子词·皇后阁十首》：“暖碧浮天面，迟红上日华，宝幡双帖燕，彩树对缠花。”诗中的“帖燕”、“缠花”是英山当地农村的一种节日民俗。《英山县志》载：“五月五日为端午节，……缠制彩色囊猴等物与小儿佩之。”可见佩戴春幡和用丝线缠制饰品的习俗自古就有，缠花正是从这些习俗中演变而成的。缠花吸取多种美术的精华，并融汇绘画、剪纸、景泰蓝、刺绣、编织、雕塑等工艺的特点，独创出一种高雅的表现手法和艺术形式。它具有工笔画的精细逼真，运用与景泰蓝工艺相似的铜丝勾绘形态，也应用了剪纸的方法，还有刺绣的用线技巧，同编织一样是采取纯手工的绕、结相结合的制

陈广英(英山缠花传承人)

英山缠花“《丹凤朝阳”

作方法，每件作品都具备雕塑的立体生动感。英山缠花具有小、巧、精、活的特点，“小”是指缠花的体积小，“巧”是指缠花的构思寓意深刻，“精”是缠花的技艺精巧，“活”是指缠花艺术的形式活。英山缠花色彩丰富、构图巧妙，历来有“立体绣花”、“线艺雕塑”、“立体工笔画”等多种美誉。英山缠花是民族文化、民族习俗的积淀物，具有重要的文化价值和研究价值。

1986年英山县文化馆的伍希贤同志在民间美术普查中重点对“缠花”进行挖掘、整理，仅收到几件原作，后征集到一些缠花的复制品，有虎枕、虎头鞋、缠花八卦、帐吊及节日装饰品、粉彩、油榻等共37件，英山缠花开始重放光彩。1987年，民间艺人彭桂英创作的“牡丹”、“荷”、“菊”、“梅”，张仕贞、冯毓南创作的“八

英山缠花传承人

卦及帐吊” 缠花参加了首届艺术节中南美展；《湖北日报》为此发表了《英山缠花重放光彩》的评论文章。1988年彭桂英创作的“四季缠花”被中国美术馆选中赴意大利参展。1989年彭桂英创作的另一缠花作品在中国美术馆展出期间，由中央电视台在新闻节目中作了专题介绍。2005年中国美术馆将收藏的张仕贞40年前制作的英山缠花“龙”、“凤”转藏于黄冈市群众艺术馆文化遗产展厅。2006年，英山缠花被列入湖北省第三批非物质文化遗产代表作项目。

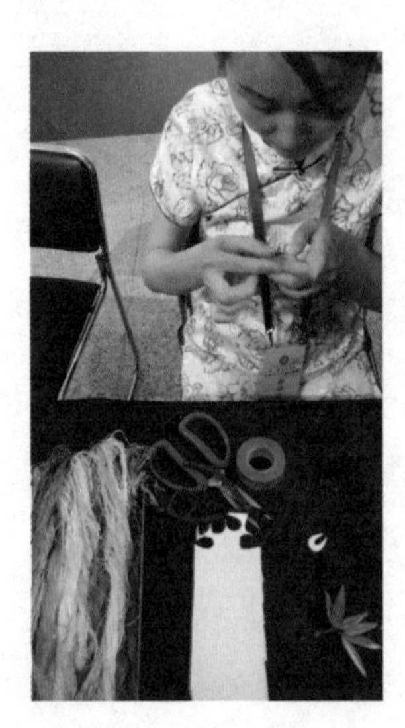

英山缠花传承人

蚕丝是缠花制作的主要材料，而蚕桑业一直以来都是英山县的传统产业，这为英山缠花的传承与发展提供了必要的基础。英山缠花的表现形式丰富，灵活地融合于衣、食、住、行、装饰等方面，可以开发一些“缠花”工艺品，如工艺腰带、手帕、八卦、胸针、壁挂等等。只要构思符合人们的审美要求，多汲取其他装饰品的优点，英山缠花一定会在未来的传承发展中大放异彩。

三、闽南缠花

中国的闽南地区向来多习俗、重习俗，其中，“结婚、生孩子、起大厝”就是闽南人一生中的三件大事。民俗活动的举行往往会有相应的祭祀用品，而在这三件大事的仪式中，“缠花”便是其中重要的物品。目前，在福建厦门翔安洪厝村和泉州晋江安海镇型厝村仍保留有缠花的制作技艺，我们将其合称为“闽南缠花”。

自古以来，闽南地区的妇女就有插花的习俗，但由于鲜花容易凋谢，不知何时起便有人开始做这种仿真花。“缠花”，俗称为“吉花”、“春仔花”，是一种拥有悠久历史背景的传统民间技艺。它是利用卡纸、细铁丝、丝线等，通过缠、绕、捏等技法制作成的仿真花。细致典雅的缠花，成了闽南妇女的日常头饰及祭祀的必备用品，寓意富贵吉祥。

缠花使用的制作材料简单，但制作过程繁杂，需极大耐心和细心。闽南缠花的具体制作如下：①备料，将红色皱纹纸缠绕于事先准备好的细铁丝，把硬卡纸剪成半个椭圆形，用于花瓣制作。②缠绕，用红头绳把剪好的花瓣形卡纸与缠有皱纹纸的细铁丝进行缠绕，缠绕时按一定间隔加入金色纸张，制作出“花蕊”及“花瓣”构件，备用。缠绕时必须将一根一根的丝线依一定的顺序平铺整齐，成品光泽才会好看。③组装，根据所做“吉花”造型，把已做好的“花蕊”、“花瓣”等构件进行组合，使之成为一朵造型丰富、色彩艳丽的“吉花”。

按照习俗用途，闽南缠花的使用在不同的场合也有所不同，如日常生活佩戴的普通“吉花”；新婚时用的“新娘花”、“婆婆花”；祝愿时用的“孩童花”、“寿花”；丧事用的“答礼花”等。在闽南地区的传统礼俗中，结婚当天新娘需要回礼给婆婆一朵缠花，这是结婚仪式中非常重要的一个回礼，俗称“婆婆花”。婆婆花由一朵形似人张开嘴巴的开口缠花和一朵普通缠花组成。插“婆婆花”时，要

闽南春仔花"石榴"

先将普通缠花插入开口缠花内，再一起插戴在头上。普通缠花表示新娘，开口缠花代表婆婆，寓意新娘进门后，婆媳和睦相处不吵嘴，可以同嘴同声共同持家。后来，大批闽南人迁居到台湾，也将缠花及其习俗带到了当地。每逢过节，红白喜事时，人们头上都要插上各类的缠花。就是这样小小的一朵缠花，在过去，曾是人们日常生活中最靓丽的点缀，寓意着人们对美好幸福生活的祝福。

随着生活习惯的改变，一些风俗也随着现代化的发展而销声匿迹。如今，街头巷尾已很难寻觅到缠花的身影。现代人讲求快捷、便利的生活节奏，生活中许多礼俗逐渐简化，比如婚庆中新娘的头饰不断变化，早期艳红欲滴的缠花从新娘的头发上逐渐消失，以缠花作为回礼的也越来越少。目前，福建厦门将“春仔花习俗”列为厦门市第一批非物质文化遗产代表作项目，并将洪宝叶和洪素真列为厦门市第一批非物质文化遗产项目代表性传承人。

闽南春仔花"康乃馨"

闽南春仔花"牡丹"

绒花的代表性传承人

RONGHUA DE DAIBIAOXING CHUANCHENG REN

第一节　北京绒花的代表性传承人

夏文富、张宝善是北京绒花的著名老艺人。张宝善有四位亲传弟子，分别为刘存来、高振兴、马荣芬（已故）、刘树林（已故）。

（一）夏文富

北京绒花著名艺人，出生于1913年，为天津李派传人。他11岁跟李本三学做绒制品，14岁出师，20岁时自立门户开始独立制作绒花制品。他早年制作的“八仙绒头花”非常有名，还创制了缠绕铁丝作为绒鸟腿的技法，使绒鸟站立在纸板上，改变了以往需要将其粘在纸板上、站不起来的呆板造型。另外，他制作的绒鸟，讲究结构，真实、自然，形体优美，多使用暖色调，给人一种明快的感觉。他的作品“锦鸡”、“绶带鸟”的头部色彩较深，脖颈以下明亮，颈部则大胆地使用水绿、粉红色等皴染，身躯则又稍深，这种层层皴染、对比的手法，使作品柔润娟秀，形成了独特的艺术风格。1956年他制作的绒制品“天坛祈年殿”在柏林展出，后来又复制一件，作为我国赠送给苏联庆祝十月革命四十周年的国家礼品。1960年他与面塑艺人郎邵安合作创作了“郑成功收复台湾”。1962年他制作了“故宫八角楼”。

1957年被北京市人民政府授予“老艺人”光荣称号。

（二）张宝善

北京绒花著名艺人，出生于1907年，卒于1986年，为北京张派绒花艺术的传人，曾任北京市政协委员。他13岁跟随父亲学艺，之后又向专制宫花的民间绒制高手高老太太学艺，从艺60多年一直从事绒制品的设计与制作，技艺非常全面。1952年，首届全国城乡物资交流会在北京天坛举办，张宝善创制了一对5尺高的“百花篮”悬挂在展品大厅，为大会增光添彩，深受与会人员的青睐，从而获得声誉。张宝善的作品繁多，不仅独创了“微缩九龙壁”，还创作了“百鸟图”，寓意党的“百家争鸣”的文艺方针，约有6尺见方，以凤凰为主，在周围的山石、树木上陪衬以100多只不同种类和神态的鸟兽。1955年被推选为北京市政协委员，1956年被市政府授予“老艺人”称号，因其精湛的技艺，有“绒鸟张”之美誉。

（三）刘存来

绒花艺人刘存来为张宝善的大弟子，生于1938年，双专学历。1954年在个体绒花社工作，1955年跟张宝善学艺，1958年当绒鸟车间班长，同年被评为全国劳动模范，1960年当绒鸟车间主任，1978年任北京绒鸟厂厂长。他制作了“北海石坊”、“北海五龙亭”。他与师父张宝善合作，制作了苏联援建中国的101制金厂全貌，该作品作为国礼赠送给苏联。

（四）高振兴

绒花艺人高振兴为张宝善的二弟子，1939年生，1954年参加工作，后跟张宝善学艺。1983年，高振兴随北京贸易促进会赴法国进行绒花技艺表演。他精湛的技艺吸引了当时正在参观的法国总统，总统足足站了20分钟欣赏绒花“雄鸡报晓”的制作过程。最后高老师将这件代表中法友好的作品送给了法国总统。后来北京绒鸟还出口到了法国市场，深受法国消费者的赞誉。他一直从事绒制品的研发工作，先后开发制作出凤凰、教五子、大熊猫连生贵子等大量的形色逼真的产品。为了提高技艺，他经常到室外进行写生。他技艺全面、精湛，是全厂有名的绒鸟高手。

（五）蔡志伟

北京当代绒花艺人。蔡志伟为北京民间文艺家协会、北京工艺美术协会、北京玩具协会的会员。2003年，蔡志伟跟随“北京绒花大师”高振兴学习绒花制作技艺，潜心用功，苦心钻研，并成为他唯一的入室弟子。蔡志伟具有一定的美术功底，随着日日月月的积

北京绒花传承人蔡志伟展示“鬓头花”

累，已经可以独立制作出小到全套的各式绒花，大到高达一米有余的绒鸟“五彩凤凰”、“双孔雀”、“全家福”等。蔡志伟目前已经仿制和开发出各种绒花100余种，其中有“百年好合”、“吉祥如意”、“聚宝盆”、“龙凤呈祥”等。2006年6月以来，作为“绒花绒鸟”制作的第五代传人，蔡志伟的绒花作品先后在北京农展馆、中华世纪坛、北京民博会、北京地坛庙会和莲花池庙会及潘家园庙会、上海国际展、大连世界博览会、青岛跨国展上进行过展示。2008年，他为北京奥运会专门制作的“吉祥物——福娃”等7组绒制品参加了首都博物馆的展览。另外，他的绒制品“双孔雀”还获得了中国工艺美术“中艺杯”银奖，“五彩凤凰”、“雄鸡”等被民间礼品博物馆收藏，中央电视台以及北京很多本地媒体，对其进行过大量报道。2009年，他被评为“中国工艺美术师”。蔡志伟继承和发扬了传统绒鸟手工艺品的技艺，并在原有的基础上创新发展，开发出了一大批新的高雅作品，使绒制手工艺品更加耳目一新，更有观赏性，深受业内人士及国内外友人的高度青睐。在现代婚礼上佩戴传统绒花，不但能烘托出婚礼的喜庆和吉祥，而且符合年轻人追求个性的要求，尤其受到新人的喜爱。

第二节 南京绒花的代表性传承人

一、王永禄

南京制花老艺人。男，河北武清人，生于1899年，卒于1968年。王永禄从14岁开始，先后在北京、天津拜师学艺制作绒花、纸拉花等。1927年8月，到山西太原谋生，以制作绸花为主。1939年返回北京。1941年6月来南京谋生，自产自销绒、绢、纸、绫花。1956年和其他数位艺人一起发起、组织了艺美绒礼花生产合作社，担任理事一职。1959年曾出席南京市先进生产者代表大会。王永禄制花技艺全面，不论绒、绢、纸花，还是绫、绸、通草花，都很擅长制作。20世纪40年代定居南京后，与其他艺人一起将北方绒花鲜艳、大方的特点与南方人的爱好相融合，逐渐形成现代南京绒花淡雅、秀丽的地方风格。20世纪50年代，王永禄负责设计制作南京市多次国庆游行中仪仗队所用的大型花篮、动物等绒制品。同时，在南京市庆祝新中国成立十周年展览上和1963年在北京北海团城举办的南京工艺美术展览会上，他设计并制作的绢花、纸花、通草花等，受到各界人士的好评。

二、任德福

现代南京制花老艺人。男，北京顺义县人，生于1910年8月，卒于1982年4月。出身于绢花世家，父兄辈均为北京著名绢花艺人。任德福16岁时到哈尔滨做绒花学徒，5年后回到北京随父制作绢花。1939年20岁时来到南京，在花店制作绢花。1956年，他与其他一些绒、绢花艺人组织成立了艺美绒礼花生产合作社，任合作社理事。1963年被评为合作社五好社员，同年被选为区人民代表，后又被推选为南京市第三届人大代表。任德福制作绢花、绒花，技艺精湛，且具有创新精神，对现代南京绒花风格的形成，起了重要作用，并积极培养艺徒，将绒花技艺传授给年轻一代，其中两位当年的青年艺人朱凤莲和刘素珍现已被评为工艺美术师，成为南京人造花总厂的技艺骨干，80年代曾应邀去日本作南京人造花技艺表演。

三、周家凤

南京著名的绒花艺人。12岁时从乡下（江宁县龙都镇东家村）到南京学习绒花制作工艺，在著名绒花商号“张义泰”拜吴长泉为师。周家凤拜在吴长泉的门下，起早睡晚，没日没夜，手不停剪地刻苦学艺，很得师父的欢喜。老板每天让他做很多杂事，他只好克服种种困难，利用一切时间苦练，往往练到深夜。功夫不负有心人，通过不懈的努力，周家凤成为了著名的绒花艺人。在1976年10月举行的江苏省工艺美术学大庆会议上，绒花艺人周家凤荣获工艺美术师职称。1988年4月，南京工艺制花厂绒花老艺人、工艺师周家凤作为南京市代表赴北京参加第三届全国工艺美术艺人、专业技术人员代表大会，被评为全国优秀工艺美术专业技术人员。南京著名的绒花艺人周家凤设计制作的“龙舟”、“龙凤呈祥”、“龙凤喜烛”等作品也频频在全国的工艺美术展上获得奖项，为南京绒花的发展做出了重要贡献。绒花艺人周家凤师傅在新中国成立后创制出的绒制“龙凤喜烛”，是用于新人洞房花烛夜的绒制装饰品。绒制“松鹤延年”盆景，花盆中的古松及十只白鹤的优美造型，形神兼备，制作工艺非常精美。

四、赵树宪

南京当代绒花艺人。男，1954年出生，1973年中学毕业后进入南京工艺制花厂绒花车间，师从著名的绒

南京绒花传承人赵树宪

花老艺人周家凤。“文革”末期，由于国民经济恢复的需要，工艺品出口成为换取外汇的重要手段，工艺美术出现全面复苏的局面，因此对于劳动力的需求较大。赵树宪进入工艺制花厂后先是被分配制作绒条（绒花的制作工序之一），主要制作粗条、细条、花条等。之后又被分配去打尖和打传花。在各个工序都熟练掌握之后，赵树宪进入绒花设计室工作。当时的周家凤师傅经常对其设计指出不足和需要改进的地方，促使赵树宪开始转向复制绒花制品的工作。他用两年的时间把当时所有的绒花产品全部复制了一遍。这种大量的实践为其日后的绒花创作打下了良好的基础。20世纪三四十年代时，绒花业比较发达，南京绒花制作以家庭作坊为主，大大小小的业主分布在城南门东、门西地区，很多人以此为生。但是，随着时代的发展，纯手工制作的绒花逐渐被各种各样材质新颖、造型别致、设计精美的头花、胸花取代。20世纪90年代初，南京工艺制花厂改制，赵树宪离开了绒花制作的行当。2006年，南京绒花被评为江苏省第一批非物质文化遗产项目，这使传统的绒花制作工艺重新焕发生机。2008年，经过南京市民俗博物馆多年的筹划和努力，赵树宪重新回到老本行，在民俗博物馆设立了南京绒花工作室。赵树宪老师的绒花制作，不仅秉承传统制作工艺，还在传统基础上不断创新，取得了一系列成绩。2008年11月，赵树宪被评为江苏省第一批非物质文化遗产项目代表性传承人；2009年9月被评为南京市工艺美术大师；2010年3月，他的绒花作品《家园》荣获南京虎年大展二等奖；2010年9月，其绒花作品有31件被北京服装学院民俗服装博物馆收藏；2010年10月获得IOV最高荣誉大奖及世界青年眼中“最美工艺”大奖；2010年11月，其作品“头饰”、“胸花”、“凤冠”获得第二届东方工艺美术之都博览会“迎春花”奖。

第三节　扬州绒花的代表性传承人

一、王以仁

著名绒花艺人。生于1887年，1965年逝世，江苏省江都县人，生前为扬州制花工艺厂技术副厂长兼艺术指导。清末和民国初年，扬州绒花生产仍很兴盛。1903年，王以仁14岁时开始学艺，1908年在扬州左卫街自立门户，对绒花的改革与创新起到了积极作用。扬州著名的绒花艺人王以仁将传统的绒花制作工艺提升到一个新的境界，他不仅能够制作精美的传统头戴花，还扩大了绒花题材，首创立体绒花，制作出"松鼠偷葡萄"、"喜鹊登梅"、"兔子拜月"、"燕子"、"公鸡"等作品，以及"信领春燕"、"喜鹊登梅"、"蝙蝠蟠桃"、"瓜瓞（dié）绵绵"等大量动物绒花和寓意吉祥的花鸟相结合的作品，远销安徽、江西、四川等地区，为汉族妇女和少数民族妇女所喜爱，并曾出口销往南洋一带。他制作的绒花不仅色彩鲜艳，做工精巧，而且以造型新奇、花样众多取胜。新的花样一出，市上花工争相效仿，并很快传到南京、上海、镇江等地，因此他带了许多徒弟，享有"绒花大王"的美称。1922年起，他又创作设计了"孙悟空"、"猪八戒"、"黛玉葬花"、"武松打虎"等大

扬州绒花艺人王以仁

量戏剧人物绒制品，后来又发展为色彩绚丽的大花篮，不但丰富了绒花创作的题材内容，开辟了绒花制作的新途径和新领域，而且屡次在国内外的参展中获奖，为扬州绒花技艺的发展做出了重大贡献。1955年他进入扬州制花工艺生产合作社任理事会主任，1957年7月参加全国首届工艺美术艺人代表大会，1959年和通草花艺人钱宏才共同创作的绒花和通草花技艺相结合的作品——"和平颂"，参加了莫斯科展览。

二、王继康

著名绒花艺人。1922年8月出生于江苏扬州市，从13岁时师从其父扬州著名绒花艺人王以仁学习绒花技艺，并为销售绒花奔走于大江南北。1941年，王继康20岁时，因不满花店老板的欺凌和同行的排挤，携家带口，外出谋生，足迹遍及苏南、江西、湖北、湖南、广东、四川、西康等地，凭借绒花手艺养家糊口，直到1955年才回到扬州。他曾经担任扬州制花厂设计室主任，为高级工艺美术师和中国工艺美术学会会员。1955年加入扬州市绒花生产合作社，1973年进入制花厂。他热爱绒花技艺事业，富于创造精神。20世纪60年代初，他研制出刷绒机，减轻了工人的劳动强度。20世纪70年代以来，他将传统技艺与新技术相结合，创制和开发了绒制挂屏、绒制仙人盆景、绒制微型多宝架盆景、竹篮花鸟和绒制节日灯饰等大类新型绒制产品共1000多种，出口成交率达90%以上。这种工艺盆景，借鉴扬州盆景艺术，以仙人球、仙人掌等为题材，用绒花材料结合其他材料做成球体，球体上鲜花硕果做得惟妙惟肖，四周棱角上的毛刺锋芒逼真，造型生动自然，色彩浓淡相宜。他设计的产品多次参加全国展览和国际博览会，屡次获得江苏省轻工厅优秀新产品奖。他的创造性劳动，不仅发扬了扬州绒花独有的艺术风格和地方特色，而且对全国绒花工艺的发展起到了有力的推动作用。1979、1982年被评为江苏省劳动模范。1987年获扬州市政府授予的一级工艺美术大师称号，1988年出席全国第三届艺代会并获工艺美术优秀专业技术人员称号和银质奖章。王继康在50多年的从艺生涯中，继承发扬前人的精湛技艺，并在多年的实践中大胆地追求，多次突破传统绒花工艺在形式和内容上的局限，以新的构想、新的技法开拓新的途径。

第四节　缠花的代表性传承人

一、台湾缠花的代表性传承人——陈惠美

陈惠美，台湾宜兰人，1998年师承谢陈爱玉女士，开始缠花艺术的创作和学习。宜兰山川秀美、人文荟萃，滋养了陈惠美温婉的性格和热爱美好事物的个性。陈老师非常热衷对于美好事物的创造与推广，多年来更是不遗余力地研究推广缠花艺术。台湾“春仔花”艺术家陈惠美，透过她的创意巧思，将传统饰物加以改良创新，突破传统上只将“春仔花”（缠花）艺术作为女子发饰运用于嫁娶时，而逐渐发展出诸如玫瑰、菊花等各式花朵造型、头饰品、项链、胸花、戒指，甚至变成一幅画等，不同装饰层出不穷。1982年以来，陈惠美老师的缠花作品多次参加展览，专题展览如2006年宜兰工坊的《皮雕与缠花艺展》，2008年的礁溪老爷秋季特展——“玩皮艺术暨春仔花双联展”，2009年的“缠花缀美——陈惠美春仔花创作展”和高雄市梦时代“春花朵朵喜临门·花嫁之喜——春仔花创作展”等。另外，2008年的新竹市文化局“匠心巧思——2008台湾当代工艺展”和上海民族民俗文化博览会举办的“2008台湾编织大展”，2009年台湾的“工艺新春特展”等也都有其缠花作品参展，受到各方一致好评。陈老师以自身对维护传统艺术的用心和使命感，默默耕耘，并开设“缠花艺术传习班”，肩负起传承缠花艺术的重任，使缠花的技艺获得保存，也能让更多的人欣赏到缠花的魅力。

台湾缠花传承人陈惠美

二、英山缠花的代表性传承人

张仕贞，1934年9月出生，湖北黄冈市英山县人，

英山缠花艺人。2012年被评为湖北省第三批省级非物质文化遗产项目代表性传承人。

陈广英，黄冈市英山县人，著名缠花艺人张仕贞的唯一徒弟，英山缠花的传承人。

三、闽南缠花的代表性传承人

洪宝叶，从8岁开始学习制作春仔花，至今已有40多年，2008年被厦门市政府命名为“厦门市第一批非物质文化遗产代表性传承人”。洪宝叶目前和她的两个媳妇都在从事春仔花的制作，虽然收入不高，但她还是希望能把这项传统的习俗传承下去。作为春仔花的传承人，洪宝叶也有自己的想法，她计划每到节假日或寒暑假，组织女孩们学习春仔花的制作；而在农闲时，组织嫁到村里的外来媳妇学习。另外，她还想将来在村里成立一家扎“春仔花”的公司，通过批量生产，提高“春仔花”的价格，增加妇女的收入，从而增强大家传承发展“春仔花”习俗的积极性。

洪素真，48岁，福建厦门市翔安区新店镇洪厝村人，从事春仔花的制作已有几十年的时间，2008年被厦门市政府命名为“厦门市第一批非物质文化遗产代表性传承人”。

颜培珍，72岁，福建泉州晋江市安海型厝村人，从8岁时开始跟母亲学习缠花技艺，至今已有60多年的时间。颜培珍是目前为数不多、还在制作缠花的老艺人之一。据老人介绍，她小时候由于家里小孩多，负担较重，母亲经常利用做家务之余的时间做些缠花补贴家用，那时型厝村几乎每家每户的妇女都懂得制作缠花，并成了很多家庭的重要收入来源。如今，颜培珍老人的儿女都已成家立业，也不再需要以此为生了，但她仍然放不下这手艺。颜培珍的儿媳及其孙女也曾跟着她学习制作缠花，因后来缠花价格低廉，销路有限，如今都已转行。据了解，缠花造型大多以花卉为主，动物造型也有，但较少。“缠花”寓意吉祥，故常用“石榴”造型表示“多子多孙”；“鹿”与“龟”造型，则用来送婆婆和祖母，有“福禄归寿”的祝福之意。颜培珍介绍说，传统的缠花造型有六七种，现在用得最多的主要有三种：形似蝴蝶造型的“双龟双鹿”；像灯笼花的“双花”及“单花”。“双龟双鹿”、“双花”主要在喜事中使用，而“单花”一般用于丧事中的“答礼花”。而其他造型，她已经很少制作了。

绒花的代表性作品

RONGHUA DE DAIBIAOXING ZUOPIN

第一节　北京绒花的代表性作品

北京绒花制品以张宝善和夏文富老艺人制作的最为出色，在配色、样式上都有独到之处，制成的古代建筑，如“北海九龙壁”、“故宫角楼”、“天坛祈年殿”、“颐和园石舫”等绒制品，均有较高欣赏价值。如张宝善制作的绒制“九龙壁”，曾多次展出，深得各方好评。在制作“北海九龙壁”时，为了使作品的比例、结构、配色、形态处理上更逼真，北京城郊凡是有龙的图案的公园名胜，张宝善都去看过。他还搜集了大量不同姿态和颜色的蛟龙资料和照片。因此，他制作的龙身纹彩精细，壁上的龙神态各异，活灵活现，威武雄壮，气冲霄汉。夏文富创作的绒制品“天坛祈年殿”，曾在柏林展出，后又复制一件，作为我国赠送给苏联庆祝十月革命四十周年的国家礼品。北京老艺人制作的绒制品“百鸟图”中，近百种飞禽向着凤凰，色彩斑驳瑰丽，翎羽栩栩如生。

北京绒花制品“天坛祈年殿”

第二节　南京绒花的代表性作品

南京绒花著名工艺师周家凤作品有“松龄鹤寿图”和“龙凤呈祥”等。

绒花制品“松龄鹤寿图”，又称“松鹤图”，是一幅挂屏，长188厘米，宽105厘米。画面中三十只丹顶鹤围绕着一株苍劲古老的松树，或昂首阔步，或展翅待飞，或徐徐翱翔，迎着东方曙光，翩翩前进，姿态矫健，神情自然。远远望去，其姿态各异，神情飞扬，犹如一幅出自名家之手的国画，近看酷似绚丽多彩的绣屏，仔细观赏才知是一幅真丝制作的绒花工艺品。这幅作品是南京著名绒花艺人周家凤为庆祝新中国成立三十周年而精心创作的大型绒制挂屏。周家凤巧妙运用国画传统题材，以松树比喻社会主义祖国万年长青，以三十只白鹤表示新中国成立已经三十周年，迎着东方曙光飞翔前进，象征着祖国在党的领导下，特别是在十一届三中全会的指引下，蒸蒸日上、欣欣向荣，前途无限光明。松鹤题材的深切寓意，充分表达了绒花艺人对祖国的崇敬热爱赞美之情。

绒花制品“龙凤呈祥”在圆形红木镜框中，以大红装饰纹样，以金黄作底色，仿照浮雕表现手法，上方塑造了一只展翅翱翔的丹凤，漫舞翩翩，祥云朵朵；下方塑造了一只昂首探爪的红龙，海浪滚滚，波光粼粼；中间嵌有一颗硕大的明珠，熠熠生辉，真是龙飞凤舞，巧夺天工。大红是我国民间喜庆、欢快、富有旺盛生命力的象征。传统的作品龙凤之类，多是用大红为主，以黄勾边或作底色，不但不觉得色彩单调，而且更加强了民间艺术的情趣。

南京绒花制品“龙凤挂屏”

南京绒花制品“松鹤图”

第三节　扬州绒花的代表性作品

扬州著名绒花艺人王以仁、王继康父子以高超技艺、精美制品而名闻于世。著名制花艺人王以仁等突破绒花的单一品种，创制动植物组合绒制品及大型瓶花，在全国独树一帜。扬州绒花色彩鲜艳，做工精细，造型奇特，花样众多。绒制挂屏有“扬州瘦西湖”、“紫竹观音”、“公社养鸡场”和“娄山关夕照”等，有的被外商购去，有的被外交部选去作为出国礼品。老艺人首创的“绒制仙人盆景”，造型自然生动，色彩浓淡相宜，广交会上美、英、日、法、意、德等十多个国家客户，一次订货十万盆。王继康抓住扬州绒鸟小巧玲珑的特点，以概括和夸张的手法，简练地刻画各种禽鸟的主要特征，赋之以形，传之以神。比如“鸡雏”，艺人抓住小鸡体形圆胖、羽毛柔软蓬松的特点和觅食时蹦蹦跳跳的动态造型，栩栩如生，逗人喜爱。

扬州绒制挂屏“瘦西湖”

第四节　缠花的代表性作品

台湾陈惠美老师制作的传统春仔花，既有闽南的春仔花，也有客家的客家缠花，而闽南的春仔花，又有北部和南部之分。陈老师的“传统春仔花”系列，呈现的便是这两大族群传承下来的旧有风情，也是她最初接触缠花工艺的原貌。

“胸花”系列缠花，是第一次使用大红色以外的丝线来制作的春仔花，并且让传统春仔花跳出以往婚嫁节庆中使用的发夹功能，作品以色的变化及线条的延伸，令胸花如同绽放在春风里摇曳的小花，缤纷璀璨而充满生机。

台湾缠花之项圈“桂花”

“发簪”系列缠花，在整体造型上开始有群组及放大的概念，不再将作品局限在一种技法或一种花型的设计之中，甚至有许多花型已跳出传统，纯粹属于自行开发创作，其中，也开始尝试使用复合材料加以表现，新的创作风格也逐渐成型。

台湾缠花之发簪“茶花”、“牡丹”

“项圈”系列缠花是春仔花向时尚春花发展的尝试。为了能够让春仔花的应用受到年轻人的喜爱，陈老师在用色上选择了年轻时尚的粉嫩流行色彩，并且适当搭配，让春仔花除了娇嫩之外，也洋溢出青春甜美的风采。

台湾缠花之胸花“百合”

台湾缠花之组合创作“平安团员”

为了让春仔花能够应用于现时婚礼中，陈老师还制作了手捧花、手环、发梳、项圈、发簪、胸花等新娘婚纱的缠花配件，优雅古典的缠花造型搭配浪漫唯美的西洋婚纱，搭配出另类的婚纱效果，也装点出最美的新娘。另外，陈老师还创作了西式餐桌上的餐巾箍环，一组名为“豪门夜宴”的缠花作品借由牡丹的高贵荣华的形象，搭配西餐常用的洁白餐具，营造出了一种中西搭配且高雅大方的用餐氛围。陈惠美老师还在制作单件缠花作品的基础上，以单件或多件缠花搭配不同材质的载体，如花瓶、漂流木等，无论在体积上还是在造型上，都更显大气，每一件作品都在讲述一个美好的故事。所有作品都可呈现360度的立体创作，是陈惠美投身缠花

台湾缠花之胸花

艺术以来的最具突破性的尝试。

张仕贞制作的英山缠花《龙》，曾入选1987年第一届中国艺术节湖北省民间美术展览，并出国展出。该作品充分体现了我们的缠花艺人在长期的缠花创作中形成的良好的艺术能力，及对造型与色彩的超强控制力。龙的身体部分自上而下采取从红色到浅黄渐变的形式，以均匀的节奏徐徐过渡，给人协调的美感，配合恰到好处的整体的形态设计，一丝不苟的细节处理，较好地体现了英山缠花的艺术风貌。张仕贞老人的作品《蝶恋花》，作者把具象结合抽象的艺术表现形式运用得非常娴熟，她的作品是造型与色彩的完美结合体，当然，从作品中我们不难发现缠花艺术精美的工艺性特征。

台湾缠花之胸花“蝶舞”

英山缠花《龙》

参考书目

陈惠美著：《春仔花——陈惠美的缠花世界》，宜兰：邑泰工艺社，2009年。

扬州市工艺美术工业局编：《扬州工艺美术志》，南京：江苏科学技术出版社，1993年。

北京民俗博物馆编著：《老北京传统节日文化》，北京：商务印书馆国际有限公司，2010年。

许联华著：《中国中学生美文聚珍》，北京：学林出版社，1998年。

工艺美术联协组织编：《中国工艺美术名人录（当代部分）》，北京：北京工艺美术出版社，1988年。

王鸿著：《老扬州：烟花明月》，南京：江苏美术出版社，2001年。

南京市地方志编纂委员会：《南京二轻工业志》，深圳：海天出版社，1994年。

陈济民编著：《南京掌故》，南京：南京出版社，2008年。

王冠英著：《中国古代民间工艺》，北京：商务印书馆，1997年。

吴山主编：《中国工艺美术大辞典》，南京：江苏美术出版社，1999年。

北京市政协文史资料研究委员会、北京市崇文区政协文史研究委员会编：《花市第一条街》。

杨英：《论南京绒花的保护》，《装饰》，2007年03期。

吴海燕：《南京绒花》，《上海工艺美术》，2006年02期。

于萍、余晖：《青春常在、艺术常新——著名绒花艺人周家凤》，《南京工艺美术》，1983年03期。

哈曼：《绒花——老北京的奢侈符号》，《艺术市场》，2012年17期。

胡晓洁：《英山缠花的艺术特色》，《装饰》，2012年06期。